ちくま新書

日本のビールは世界一うまい!

——酒場で語れる麦酒の話

永井 隆
Nagai Takashi

日本のビールは世界一うまい！——酒場で語れる麦酒の話【目次】

はじめに

日本のビールは、〝世界一〟なのではないか。

ビールの消費量が日本酒を上回ったのは、高度経済成長が始まる昭和三五年。いまではスーパーの酒売り場、あるいは酒場のサーバーでも、高品位なビールがいつでもどこでも提供されているからだ。

ビール、発泡酒、新ジャンル（または第三のビール。二〇二三年に定義はなくなり発泡酒になる）を合わせたビール系飲料の消費量は、酒類全体の六割以上（数量ベース）を占める。

ビールはなぜ、日本人に愛されたのか。米を主食とする日本人にとって、穀物酒であるビールは米との相性がよろしいのだ。食前酒として食事と一緒に味わう食中酒として、代表的な地位を確立した。高温多湿な日本の気候風土では、発泡性の低アルコール飲料であるビールは、とりわけ夏場では爽快感をもたらした。同じ醸造酒である日本酒やワインは、発泡性ではないし、アルコール度数もビールの四・五〜六％と比べ、日本酒は一五％前後、ワインは一二％前後と高い。

日本人の大半はモンゴロイドである。モンゴロイドは実は、アルコールを分解する体内の酵素が、他の人種と比べて一つ少ないと指摘される。つまり、酒に弱いのである。このため、低アルコールは好まれがちだ（人にもよるのだが）。

日本のビールは、例えばどこの工場で造っても、同じ中身に仕上げることができるなど、世界のなかでも丁寧に造られているのは事実だ。つまり品質が高い。世界のなかでは、発酵タンクと熟成（貯酒）タンクとを一つにしたワンタンク方式を採用して、効率とコストを優先する会社はある。が、日本の大手四社の工場はいずこも手間のかかる二タンク方式を採用。効率よりも、品質を重視している。

また、発泡酒や新ジャンルを含めて、新製品が次々と販売されるのは日本市場ぐらいではないか。背景には、激しいシェア競争がある。ただし、消費者である私たちは毎年次から次へと登場する新製品を楽しむことができる。メーカーにとってはマーケティング力の向上、新しい醸造技術の開発、生産現場である工場の改善にもつながっていく。一方で、過度のシェア争いは消耗度が高く、メーカーを疲弊させていく側面は大きい。

ただ、ここのところ「若者のビール離れ」を指摘する声がある。ビールは一九九四年をピークに、市場は縮小を続けている。少子高齢化そして人口減少と、国内市場そのものが縮小していることが、構造的な大きな要因ではある。

さらに、縮小要因を挙げると、缶チューハイに代表されるRTD（Ready to Drink、レディー・ツー・ドリンク。ふたを開けてそのますぐに飲めるアルコール飲料）市場が拡大したことが挙げられよう。ビールと同じ食前・食中酒であり、発泡性低アルコール飲料という点で重なる。

詳細は本編に譲るが、税制においてもビール系飲料よりもRTDは優位である。二〇二三年一〇月、そして二六年一〇月と続く税制改正でもRTDはビール系飲料よりも税額は安い設定となる。このほかにもワインをはじめ、ウイスキーをソーダで割ったハイボール（缶入りハイボールはRTDとなる）なども食中酒として人気である。

酒種《しゅるい》の多様化は進み、かつてのような「とりあえずビール」という環境ではなくなってきた。しかし、そもそもRTDが大きく伸びるきっかけをつくったのはキリンビールであり、ハイボールはサントリーが火をつけた。

なぜ、ビールを敬遠する若者がいるのかと言えば、「ビールの苦味《くみ》が原因」（ビールメーカー首脳）という指摘もある。

しかし、苦味は一度乗り越えてしまえば「好み」となる（が、なかなか乗り越えられない）。甘い酒をたくさんは飲めないが、苦い酒は量を飲める。

苦味は、場合によっては諸刃の剣ではあるが、戦後にビールの消費量が拡大した要因は、ホップがもたらす上質な苦味にあったのも間違いない。

消費量は縮小しても、ビールは人々に勇気と元気を与えてくれる。それぞれのブランドにテーマがあり、同じくストーリーがある。一人の時にも、わいわいガヤガヤの大勢の時にも、そこにある酒はやはりビールだろう。プロ野球のチームは、優勝が決まった試合の直後、〝ビールかけ〟を行いみんなで歓喜を共有する。たかがビールと言うなかれ、ビールは力を与えてくれる良き友なのだ。決して人を裏切らない。

世界一とも言える、日本のビールは、どんな歴史を辿ってきたのか。

なお、一九四九年の大日本麦酒分割までは大日本麦酒、麒麟麦酒と表記し、それ以降はアサヒビール、キリンビール、サッポロビールと表記する。また、登場人物の敬称を省略していることをこの場でお断りしておく。さぁ、長い歴史の旅に出よう。

第一章

日本「麦酒」事始め

†ブルワリーの誕生

ワインを初めて飲んだ日本人は、織田信長と伝えられている（薩摩の守護大名だった島津貴久であったなど諸説あり）。持ち込んだのはイエズス会の、フランシスコ・ザビエルだったとされている。いずれにせよ一六世紀の話である。

では、ワインと同じ醸造酒であるビールを最初に飲んだ日本人は、一体誰なのか。そして、いつだったのか。はっきりとした文献も資料も残ってはいない。ただ、江戸の八代将軍だった徳川吉宗の時代、一七二四年（享保九年）に幕府の役人である通詞（通訳）が著した『和蘭《オランダ》問答』という書物に、オランダ商館の一行が江戸を訪れたとき、投宿先の夕食にて同席した日本人がビールを飲んだという記述がある。

「殊外悪敷物《ことのほかあしきもの》にて、何のあぢ《味》はひ《わい》も無御座候《ござなくそうろう》。名をビイル《ビール》と申候《もうしそうろう》」と、当時の日本人にとって、オランダ人から供された〝ビイル〟は、どうやらひどい飲み物だったようだ。

いずれにせよ、ビール伝来はワインから一五〇年くらいは遅れていたと言えよう。

では、日本人で最初にビールを造ったのは誰かと言えば、幕末の蘭学者である川本幸民《かわもとこうみん》では、と推測されている。幸民はドイツの農芸化学者、ユリウス・A・シュテックハルト『*Die Schule der Chemie*（直訳すれば、化学の学校）』のオランダ語版を『化学新書』と題して、日本語に重訳した。このなかで、ビールの醸造方法が詳しく解説されていた。本当にビールを造ったのかどうかは不明だが、実験を好んだ幸民の性格から、詳細な記述をもとに試醸をしたのではないかとされる。

さて、日本のビール醸造の発祥は、横浜である。幕末から明治初期にかけて、横浜の外国人居留地にて外国人経営によるビール醸造所（ブルワリー）が相次いで誕生していく。

一八五九年（安政六年）開港の横浜港は、幕末に江戸幕府が貿易港としてつくった。五八年の日米修好通商条約締結に絡んで、外国奉行・岩瀬《いわせ》忠震《ただなり》が建設を主導した。西高東低だった日本国内の経済格差を、貿易により是正しようとする江戸幕府の狙いが、横浜港建設には込められていた。

横浜港開港後に、幕府が造成した居留地は山下居留地と、明治改元の前年に拓いた山手居留地の二つ。横浜の居留地に住み始めた外国人は、軍人や外交官、宣教師、貿易商など。彼らがビールを求めたのだが、誕生したビール醸造所のほとんどは経営が行き詰まり、短命に終わった。ちなみに、日本初の醸造所は、山手に一八六九年(明治二年)に開設した「ジャパン・ヨコハマ・ブルワリー」である。最初の経営者はユダヤ人のローゼンフェルト。島根の松江藩も出資したが、一八七四年(明治七年)に閉鎖された。

†スプリングバレー・ブルワリー

こうしたなか、頭角を現したのが、アメリカ国籍のノルウェー人、ウイリアム・コープランド。コープランドは、一八七〇年に山手でビール醸造を開始した。醸造所の名前は「スプリングバレー・ブルワリー」。

この場所は、居留地となる以前は天沼と呼ばれていた。ビール造りに適した湧水が豊富な土地であり、湧水を動力として水車をまわし、麦芽の粉砕に使ったそうだ。

コープランドはもともとビール醸造技師だった。横浜在留の外国人の間で彼が造るビールは評判となり、東京や長崎、函館などにも出荷する。やがて日本人も飲むようになっていったばかりか、上海や香港にも輸出した。さらに、一八七五年（明治八年）頃には、日本初となるビアガーデンをブルワリーに併設してオープンする。

技術者だったコープランドは、日本人の弟子たちに惜しげもなく自分のもっている技術を教えた。人種による差別をしなかったのだ。その結果、弟子、さらに孫弟子たちは、この後全国各地につくられるブルワリーで必要とされ、活躍していくこととなる。

人を育て輩出したという点で、国産ビール産業の勃興におけるコープランドの役割と貢献は、大きい。しかし、良き時代は長くは続かなかった。一八八四年（明治一七年）、スプリングバレー・ブルワリーは倒産してしまう。経営が傾いた原因は、ビールの善し悪しではなく、内紛にあった。コープランドは、途中から共同経営者になったドイツ生まれのアメリカ人醸造家エミール・ヴィーガントと対立してしまったのだ。

どうやらヴィーガントは、トラブルメーカーだったようだ。ヴィーガントはジャパン・ヨコハマ・ブルワリーの初代醸造技師だったが、ここでも経営者と衝突して九カ月で職を辞していた。次に勤めた山手のヘフトブルワリーという会社でも、オランダ人社長と喧嘩して辞めていた。スプリングバレー・ブルワリーのコープランドとの衝突は、裁判沙汰にまでなった。もっとも、ビールの歴史のない東洋の国で、ビールを造ろうとした人物たちは、もともと個性的で変わり者が多かったのではないだろうか。なので衝突は不可避だったのかもしれない。

†グラバーがつないだ財閥の重鎮

スプリングバレー・ブルワリーが倒産した翌年の一八八五年（明治一八年）七月、蒸溜所跡地に設立したのが「ジャパン・ブルワリー」である。

出資したのは横浜在住の外国人が多く、英字新聞の社主をはじめ、金融ブローカーらだった。初代チェアマンはイギリス人が務め、香港法人としてスタートを切った。香港に本社をおく、いまでいう外資系であった。香港法人だったのは、日本の会社法がまだ制定されていないこと、日本がまだ不平等条約下にあって日本の法人では経営基盤が脆弱になることなどを考慮してのことだった、とみられる。

有力な出資者にイギリス人のトマス・グラバーがいた。長崎の名所である旧グラバー邸のグラバーと表現した方がわかりやすいだろう。幕末にはジャーディン・マセソン商会の代理人として武器や弾薬を輸入販売。グラバーは、坂本龍馬が率いた亀山社中とも取引があった。維新後、グラバーは炭鉱開発など行った後、三菱財閥の相談役となった。

この縁で、日本人で唯一ジャパン・ブルワリーの株主になったのが三菱社長・岩崎弥之助だった。三菱をつくった岩崎弥太郎の弟であり、小岩井農場を創設した三人のうちの一人としても知られる。なお、弥太郎はこの一八八五年二月に急逝していた。

一八八六年、ジャパン・ブルワリーは増資されるが、日本の有力財界人がオールキャストで顔を揃えていく。日本資本主義の父と謳われた渋沢栄一、三菱の番頭の荘田平五郎、三井物産社長の益田孝、帝国ホテルをはじめ後の東京経済大学をつくった大倉喜八郎、土佐藩出身で逓信大臣を務めた後藤象二郎など、錚々たる面々がジャパン・ブルワリーにかかわった。

醸造技師は当初からドイツ人の専門家を雇い入れることが決まっていた。

明治一〇年代の半ばまで、輸入ビールでは英国風の「エール（上面発酵）」ビールもそれなりにあったものの、ドイツ風の「ラガー（下面発酵）」ビールの需要が大きくなっていく。このため、機械設備をドイツから輸入する。さらに、麦芽やホップなどの原料、瓶までをドイツから輸入し、ドイツ人醸造技師のヘルマン・ヘッケルトを招聘した。なお、「エール」と「ラガー」については、後で詳述する。

†キリンビールを販売へ

ヘッケルトが着任した翌年である一八八八年（明治二一年）二月二三日、ジャパン・ブルワリーでは第一回の仕込みが行われた。ただし、ここで大きな問題に直面する。

当時は、原則として外国人の行動が居留地内に限られ、自由に外へ出ることは許されなかった。そのためジャパン・ブルワリーは、日本人が経営する代理店を通じての販売体制をつくらなければならなかったのだ。ちなみにコープランドのスプリングバレー・ブルワリーでは、代理店に当たる日本人が東京などで一手に販売していた（生産量がわずかだったので、扱いやすかったということもあったが）。

ジャパン・ブルワリーの代理店として、名乗りを上げたのは磯野計《いそのはかる》が設立したばかりの明治屋だった。ジャパン・ブルワリー設立に関わり、取締役に就いたグラバーが推したという説もある。が、定かではない。

津山藩士の次男として生まれた磯野は、東京大学を卒業。三菱財閥の給費留学生となりイギリスに留学する。ここが磯野と三菱との最初の接点だった。一八八〇年（明治一三年）一〇月に日本を出発し、八四年に帰国した。留学といっても、学術ではなく、ロンドンの廻船仲立業者で働き、実務を学ぶものだった。

磯野は帰国後一時三菱で働き、三菱財閥の日本郵船相手に、船舶に食料や雑貨を納入する会社を興して共同経営者となった。さらに独立して、一八八六年二月に明治屋を設立する。磯野の明治屋は三菱の仕事を多く手掛けた。その結果、独立後から二年近く経た八七年暮れに、留学費用の四八〇〇円は「返済無用」と岩崎弥之助から言われる。

一八八八年五月、ジャパン・ブルワリーは明治屋と総代理店契約を結ぶ。輸出と、外国人居留地を除く全国でのビール販売を明治屋が担うことになったのだ。契約には明治屋が代金回収の責任を負うことが定められていた。しかし、磯野には財力がなかったため、岩崎弥之助が個人保証を引き受けた。このとき、磯野は三〇歳だった。

磯野が販売するビールの名前は「キリンビール」に決まる。発案したのは、ジャパン・ブルワリーの株主の一人であり三菱の番頭だった荘田平五郎。荘田が「西洋のビールには狼や猫など動物が用いられているので、東洋の霊獣「麒麟」を商標にしよう」と主張したと言われる。

こうして「キリンビール」は一八八八年五月に発売される。だが、キリンビールのラベルは不評だった。ラベル中央に描かれた麒麟のイラストは小さく、馬のようにも見えて判然としない。しかも、「キリン」の文字が中央のメインラベルにない。

そこで発売翌年の八九年、グラバーの進言によってラベルデザインが変更された。新ラベルは横長の楕円形になり、疾走する麒麟が中央に描かれ、下部には「ＫＩＲＩＮ」の文字がしっかり入っている。ほとんど現在のラベルと変わらぬ図柄ができあがる。このラベル変更がきっかけとなって国内で人気を博したキリンビールは、ブランドとなっていく。

なお、磯野計は、キリンビールが発売された九年後の一八九七年（明治三〇年）、三九歳の若さで急逝した。明治屋の経営は、遠縁の米井源治郎が磯野の一人娘の後見人となり、引き継がれていった。

日清戦争（一八九四～九五年）に勝利した日本は、一八九七年に金本位制に移行した。すでに世界各国は金本位制を採用していて、世界的な銀増産もあって、銀の価値は下落していった。香港ドル（銀貨）建て資本金を設定していたジャパン・ブルワリーは、為替差損などの不利が生じ、資本金を円建てに改めようと動く。香港政府が円建て資本金への転換を認めなかったため、一八九九年に香港法人のジャパン・ブルワリーをいったん解散し、新会社「ザ・ジャパンブルワリー・カンパニー」（正式には、「ゼ・ジャパン・ブリュワリー・コムパニー」）を設立する。円建て資本金の日本法人に移行したのだ。ただし、本店は相変わらず香港に置き、支店を横浜市山手とした。「Ｔｈｅ」を社名に冠したのは、新旧を区別するためだった。

†渋谷ビールと三ツ鱗ビール

スプリングバレー・ブルワリーから現在のキリンビールの前身ジャパン・ブルワリーへ、という系譜とは別に、文明開化期には日本人が相次ぎビール醸造に挑んでいった。

少し、時計の針を巻き戻す。

スプリングバレー・ブルワリー開設から二年後の一八七二年（明治五年）、豪商の渋谷《しぶたに》庄三郎が大阪の堂島でビールを醸造し、「渋谷ビール」として売り出した。アメリカ人醸造技師を雇い、居留地の欧米人や外国船、さらには開店したばかりの洋食店などに売り込んだ。この渋谷ビールこそ、日本人経営によるビール会社第一号である。

一方、外国人居留地のある横浜や商都の大阪ではなく、地方都市、山梨県の甲府でビール醸造を始めたのが野口正章だった。野口家は滋賀出身の近江商人であり、もともと日本酒や醤油を醸造していた「十一屋」を営み、その醸造所の一つが甲府にあったのだ。

十一屋の跡取りだった野口は、勧業政策に熱心だった山梨県令の藤村紫朗《しろう》の勧めから、ビール醸造を決意。横浜のスプリングバレー・ブルワリーからウイリアム・コープランドと彼の助手だった村田吉五郎を招請してビールの醸造に挑戦していく。コープランドは忙しいので、主に村田が指導したとみられる。

野口は一八七四年（明治七年）ビール製造を許可され、「三ツ鱗ビール」として発売した。山梨県近代人物館のホームページでは、三ツ鱗ビールが「東日本で最初の日本人によるビール醸造」と紹介されている。

商標は頂点を上にした正三角形のなかに、赤い正三角形が上に一つ、下に二つ重ねて三ツ鱗とした。縦に「麦酒」と記された下には「PALE ALE」と表示されている。エールだから、三ツ鱗ビールは上面発酵であることが分かる。ペールエールは現在のクラフトビールで人気のジャンルだ。

一八七五年の京都博覧会で、三ツ鱗ビールは品質が評価されて銅賞を受賞している。ちなみに、三つの三角形の鱗のラベルについては「一見（イギリスのビール醸造会社バス・ブルワリーの）バスビールと見間違うようにした」という批判もあった。

ところが、渋谷ビールは一八八一年に、三ツ鱗ビールは翌八二年に、ともに廃業してしまう。それでも両社からは日本人の醸造技師が育ち、明治期におけるビール産業振興に貢献することになる。事業は失敗しても、難しい技術への挑戦により、人は輩出されていく。

東京で人気になった桜田ビールと浅田ビール

東京では一八七九年にビール販売業者だった発酵社が「桜田ビール」を発売する。ウイリアム・コープランドの助手だった久保初太郎が醸造技師を務め、スプリングバレー・ブルワリーから分けてもらった酵母が使われた。

一八八五年には、東京の中野坂上で製粉業を営んでいた浅田勘右衛門が、「浅田ビール」を発売する。この前年に横浜のスプリングバレーが廃業したが、そこの醸造装置など設備を買い取って、浅田はビール事業に乗り出した。醸造技師も、スプリングバレーでコープランドの助手だった技師を雇った。

「桜田ビール」を追いかける形で、「浅田ビール」は売り上げを伸ばしていく。日清戦争勝利の好景気と相まって、この二つのビールは東京で人気を博す。一八九〇年に上野で開催された第三回内国勧業博覧会では、ともに入賞を果たす。

しかし、ライバルとして東京で一世を風靡した二つのビールもまた消えていく。一九〇七年に「桜田ビール」の発酵社は後述の「大日本麦酒」に買収され、五年後の一二年に「浅田ビール」は廃業に追い込まれる。

†開拓使麦酒製造所のラガービール

渋谷、野口に続き、北海道開拓使が現在のサッポロビールの起源となる「開拓使麦酒醸造所」を発足させたのは一八七六年（明治九年）九月。醸造を担ったのは中川清兵衛だった。中川は、日本人として初めて、ドイツで本格的なビール醸造を学んだ人物である。

中川は越後国与板《よいた》（現在の長岡市）の商家の出身。鎖国だった徳川時代に、国禁を犯して渡英したのは、まだ一七歳のときだった。同志社大学を建学した新島襄と同じで、命知らずの行動だった。

中川はイギリスで食い詰めてしまい、やがてドイツに渡る。ここで出会ったのが、留学していた青木周蔵（後の外務大臣）。中川の才を認めた青木は、中川をベルリン最大のビール会社、ベルリンビール醸造会社に送り込む。一八七三年のことだった。

徒弟制度のもと、中川は必死に技能を身につけていく。雪深い新潟出身者の多くが有する、辛抱強さが発揮されたのかもしれない。働き始めて二年二カ月が経過したとき、工場長から認められたのだ。贈られた修業証書には次のようにあった。

「一八七三年三月七日から今日に至るまで旺盛な興味と熱心さをもって、ビール醸造および精麦の研究に精励し、ようやくその全部門にわたり優れた知識を修得し、ヨーロッパにまで来訪した目的を達成した。有能にして勤勉な他国の一青年を教育し得たことは、我々の大きな喜びとするところである（後略）」

ドイツ公使になっていた青木は、開拓長官（三代目）の黒田清隆に中川を推薦する書簡を送る。黒田は北海道開拓事業の一環として、官営ビール工場の建設を構想していた。

中川が帰国したのは一八七五年八月。翌年に開設する開拓使麦酒醸造所の主任技師に就任する。中川は、深い味わいとホップによる上質な苦みが特徴のドイツ流ラガーを、ベルリンで学んだ。豊かな香りが特徴の英国流エールは常温での発酵が可能で、熟成期間も短くてすんだ。だが、ドイツ流ラガーを造るためには、低温にする必要があった。

多くの醸造試験を経て完成したビールは「冷製札幌麦酒」（発売は一八七七年）。ラベルには開拓使のシンボル、北極星が大きく描かれた。この星マークは、現在のサッポロビールに、引き続き採用されている。

官営の事業は、どうしても赤字に陥る運命なのか。昭和の国鉄が赤字で首が回らなくなったのと同じように……。

中川がつくった「冷製札幌麦酒」は、やがて東京でも発売される。中川がベルリンでビール醸造を学んだのは、パスツールが開発した低温殺菌法が普及する前である。つまり中川のビールは、瓶内に酵母が生き残った〝生ビール〟だった。再発酵を防ぐため、夏場はビール瓶と木箱の間に氷を詰めて輸送していたという。これは大変なコストアップ要因となった。

†「日本で現存する最古のビールブランド」

一八八二年（明治一五年）、開拓使が廃止されると、開拓使直営事業は、農商務省に新設された北海道事業管理局の所管となり、直営事業の払い下げ先を探し始めた。八六年一一月、この官営ビール事業は民営化される。払い下げを受けたのは、大倉財閥の創始者である大倉喜八郎。「大倉組札幌麦酒醸造所」として新たなスタートを切ったのだった。

しかし翌年、大倉は渋沢栄一、浅野総一郎らに事業を譲渡する。経営をより安定させるのが目的だったとみられる。八七年一二月に設立された新会社「札幌麦酒会社」の発起人の一人は渋沢であり、大倉自身も経営に参画する。

その前年には、すでに大倉も渋沢も増資したジャパン・ブルワリー（キリンビールの前身）に出資をしていた。札幌麦酒の経営はめまぐるしい展開だったが、それだけ新しい産業としてのビールへの期待値は高かったことを物語る。

新会社設立から八か月後の八八年八月には、熱処理（低温殺菌）した「札幌ラガービール」が発売される。この新製品により、夏場に東京へ送るのに、氷を詰める必要がなくなった。大幅なコストダウンが実現したのだ。

現在の「サッポロラガー」の瓶ラベルには「SINCE 1876」と、開拓史麦酒醸造所の設立年が刻印されている。そして開拓使麦酒が一八七七年に発売した「冷製札幌麦酒」をもって、「日本で現存する最古のビールブランド」（サッポロビール広報部）と解釈している。

あえて商品ブランドを比較すると、一八八八年八月発売の「札幌ラガービール」に対し、ジャパン・ブルワリーの「キリンビール」は同じ八八年五月の発売だ。ただし、「キリンビール」の名称は一九八八年に「キリンラガービール」に変わっている。

†大阪麦酒

アサヒビールの前身である「有限責任大阪麦酒」が、「大阪市北区中ノ島二丁目一四一番屋敷」（当時）に設立されたのは、一八八九年（明治二二年）一一月。資本金は一五万円。会社設立二年前の一八八七年一〇月に設立発起人会が開催され、同年一二月には会社設立の官許を得ていた。設立準備期間中の八九年九月、大阪府島下群吹田村（当時）に工場用地を取得。現在のアサヒビール吹田工場が操業する。ここがアサヒにとって実質的に創業の地である。一八九二年（明治二五年）に「アサヒビール」は発売される。「ラベルにはカタカナの「アサヒ」とローマ字の「ＡＳＡＨＩ」が刷り込まれたが、挨拶状などの文書では漢字の「旭」をあてていた」（アサヒビール株式会社１２０年史編纂委員会編『アサヒビールの１２０年――その感動を、わかちあう。』アサヒビール）とある。

創立者で初代社長は鳥井駒吉。駒吉は、清酒「春駒」を造っていた堺の酒蔵の二代目。父の急逝のため、一八七〇年（明治三年）に一七歳で家督を継ぐ。家業を繁盛させた鳥井は七五年、堺酒造会の親玉的な地位に就き、七九年に新設された堺酒造組合の初代組長に就任する。

駒吉は革新的な経営者だった。「明治十六年には堺精米会社を設立して、組合員向けに酒造米を供給します。このとき足踏み式だった精米作業に蒸汽力を導入しました」（端田晶『ぷはっとうまい――日本のビール面白ヒストリー』小学館）。また、「「堺の鳥井駒吉」の登場は、そもそもの始まりからして、〝革新的起業家《イノベーター》〟の風貌を帯びていた。イノベーターの第一の関心は、堺酒造界の革新であり、第二は当時、日本酒の将来展望に陰影を投ずるかに見えた、盛んな洋酒輸入への挑戦であった」（アサヒビール社史資料室編『Ａｓａｈｉ１００』アサヒビール）とある。

駒吉は鉄道事業にも身を置く。一八八四年（明治一七年）には大阪堺間鉄道会社の設立に参画し、九八年には同社を合併した南海鉄道の社長も務めた。

大阪堺間鉄道の起業で知己を得た大阪の財界人を、駒吉は大阪麦酒に巻き込んでいく。相談役には日銀大阪支店初代支店長だった外山脩造、百三十銀行（本店大阪、後に安田銀行傘下）頭取だった松本重太郎が就く。外山は越後長岡藩の執政だった河合継之助に従い、戊辰戦争では会津に落ちたことでも知られるが、その後は阪神電鉄初代社長も務めた。渋沢栄一が外山の才能を認め、五代友厚に紹介したことが、外山が大阪で活躍するきっかけになったとされる。駒吉は、日本酒の同業者も巻き込んで出資を募った。灘の蔵本「沢の鶴」の石崎喜兵衛らが、大阪麦酒の取締役で名前を連ねた。

西日本で唯一の巨大ビール会社であり、大阪経済が生んだ大阪麦酒が、恵比寿（ヱビス）麦酒を扱う日本麦酒を抜いてシェアトップに浮上したのは、一九〇三年のことである。

†日本近代ビールの父

明治二〇年当時、外国ビールの輸入量は増加する一方、国内では小規模のビール蒸溜所が相次いで設立されるが、その品質では海外ビールには勝てなかった。

このため駒吉は、内務省の横浜衛生試験所の技手（技術者）だった生田秀《いくたひいず》をスカウト。一八八八年（明治二一年）四月から約一年間、ドイツに留学させる。

生田は、バイエルン国立ヴァイエンシュテファン中央農学校（現在のミュンヘン工科大学）で学位を取得、さらに、デンマークのコペンハーゲンで酵母の純粋培養法を二週間の短期集中で学ぶ。

生田は「日本近代ビールの父」と呼ばれる。すでに見てきたように、我が国のビールの歴史は、幕末から明治維新にかけての科学者・川本幸民、一八六九年（明治二年）八月に我が国で初めてビールを造ったジャパン・ヨコハマ・ブルワリーの初代醸造技師エミール・ヴィーガント、翌七〇年に横浜で醸造をはじめたアメリカ国籍のノルウェー人、ウイリアム・コープランドとその弟子たち、さらに七三年から二年あまりベルリンでビール造りの修行をして、開拓史麦酒醸造所の醸造を担った中川清兵衛らはいた。

こうした先駆者たちと生田との違いとは、生田が留学する直前、ドイツのビール界に大きく影響を与える複数の技術革新が、同時期に起きていたことにある。

1　リンデによるアンモニア式冷凍機の開発

2　パスツールによる低温殺菌法（パスチャライゼーション）の開発。食品を一〇〇℃以下（ビールは六〇℃程度）で加熱殺菌するもの。ワインや牛乳にも使われ、ビールを含めて広域での流通を可能にした。ビールの場合は、充塡し栓をした瓶や缶にお湯をかける。日本では「熱処理ビール」とされ、現在では「生ビール」と表示が区別される。

3　ハンセンによる良い酵母だけを選べる酵母の純粋培養法の確立

こうした技術革新により、ビールの品質向上と大量生産とが実現したのだ。この三つを修めて帰国した最初の醸造家が生田だったのだ。

工場が完成し、アサヒビールが発売された一八九二年（明治二五年）五月。冷凍装置など機械設備はドイツから輸入。留学経験を持つ生田はいたが、本場のドイツから二人の醸造技師も招聘して生産を始めた。ラベルは「アサヒビール」の名称が使われたが、新聞広告などでは、挨拶状などと同様に「旭ビール」が使われた。

†近代ビールの醸造技術

このエピソードのポイントは、日本のビール産業は明治時代にドイツから学んで始まり、現在も定期的に、大手各社はベルリン工科大学かミュンヘン工科大学の醸造学科に、技術者を留学させているという点だ。日本では、麦芽一〇〇%で、ドイツタイプのラガーを目指すことが、その原点としてあったということだ。

ビールの世界では、「ラガー」は下面発酵によるビールを指し、日本以外の世界でも、大量生産されるビールの大半は、下面発酵で造られている。ラガーとは貯蔵という意味のドイツ語である。酵母は発酵の終わりが近づくと、タンクの下に沈むという特性を持つ。この下面発酵は、上面発酵に比べ発酵温度が低く、低温で長く貯蔵されるため、香りがおとなしくコクのある味わいに仕上がる。

ミュンヘンでは、一五世紀には、下面発酵で黒ビールが造られていたというから、中世にまでさかのぼる発酵法である。一八七三年にリンデが発明したアンモニア式冷凍機の一号機は、ミュンヘンの醸造所に導入された。冷凍機の発明以前は、下面発酵ビールは気温が低い冬場しか造ることができなかった。

一方、イギリスタイプの「エール」は、上面発酵で醸造されるビールを指す。上面発酵は発酵中に泡とともに酵母が液面に浮いてくるのが特徴である。下面発酵に比べて、発酵温度が高く、発酵期間も短い。下面発酵よりも遥かに古い歴史を持つ上面発酵では、華やかな香りがするビールができあがる。

下面発酵の酵母は、上面発酵の酵母が中世に突然変異して生まれたと考えられている。ドイツでは「ビール純粋令」が今でも生きている。ややうんちくめいて恐縮だが、一五一六年にバイエルン国王だったヴィルヘルム四世が、ビールの品質向上を目的に発令したこの法律以来、ドイツでは、米やコーンスターチなどの副原料を使わずに、麦芽とホップ、水だけでビールは造られるようになった（その後、酵母も原料として認められる）。つまり、ドイツで造られるビールはすべて麦芽一〇〇％ビールなのだ。なお、第二次大戦後、欧州全体が統合へと向かおうとするなかで、一九八七年ビール純粋令は非関税障壁との判断を欧州司法裁判所が下す。この結果、当時の西ドイツ国内向けに造るビールは純粋令を適用するものの、副原料を使用した輸入ビールも国内で販売されるようになった。それでも、「ドイツの醸造家の多くはいまも純粋令を守り、ビールを造り続けている」（ドイツに駐在する日本のビールメーカー幹部）と言う。

もっとも日本では、上面発酵のエールビールも、とりわけ若者たちに支持されている。二〇一五年頃から、日本で人気が再上昇しているクラフトビールには、上面発酵ビールが多い。そのなかでも、多くのブルワリーが造っているのがＩＰＡ（インディアン・ペール・エール）。これは一八世紀に、イギリスから東インド会社まで、遥々とペール・エールビールを運搬するために、ホップをふんだんに入れて保存特性を高めたものが原型である。香りと苦さのバランスが、どうやら若者に受けているのだ。

社会の多様化が進み、何がヒットするのか分からない時代を迎えている。

ともあれクラフトでなく、現在の大量生産されるビールのほとんどは、品質が安定したラガーである。リンデによる冷凍機の開発、パスツールによる低温殺菌法開発、ハンセンによる酵母の純粋培養法の確立という三つのイノベーションは、それまでクラフト的に造られていたビールを、大量生産・大量販売が可能な近代産業へと押し上げた。

そして、明治にビール黎明期の日本が、ドイツからその技術を学んだことの意味は大きい。日本の醸造家は、下面発酵のラガーであること、麦芽一〇〇％であることを強調し、コクがあって味わい深いビールを標榜していくこととなる。二〇世紀になるとビール業界は巨大産業化していき、二一世紀を迎えると、巨費が飛び交う世界的なＭ＆Ａ（企業の合併買収）が繰り広げられていく。

ちなみに、下面発酵（ラガー）に上面発酵（エール）のほか、自然発酵で造られたビールがある。純粋培養した種《たね》酵母を使わずに、自然界に生息する野生酵母により発酵させるもの。紀元前約三五〇〇年前、メソポタミアにてシュメール人が造った人類初のビールは、この方法だった。現在では、ベルギーのパヨッテンラント地域でだけ造られる「ランビック」ビールが代表格。ブリュッセル近郊のゼンネの谷に生息する野生（天然）酵母や乳酸菌、バクテリアなどにより自然発酵される。

そのほかの国では、日本の伊勢角屋麦酒（三重県伊勢市）が二〇一四年に発売した「HIME WHITE（ヒメホワイト）」が有名で、国際的な賞を取っている。鈴木成宗社長が伊勢市の森から採取した野生酵母が使用されているのだ。

明治の四大ブランド

接着剤のボンドで知られるコニシ（本社大阪市）のホームページには、「一八八四年（明治一七年）アサヒ印ビールを製造。現在のアサヒビールの前身となる」とある。あるいは、アサヒビールの社史『Asahi 100』を繙くと、「大阪の薬酒問屋にして洋酒類の輸入にも勢いのあった小西儀助商店（現コニシ）が、明治一七年から明治二一年にかけて製造販売した「朝日麦酒」を「旭」に変えて引き継いだという説もあった」とある。

この小西儀助商店には、サントリーの創業者である鳥井信治郎が一八九二年（明治二五年）一月一日から丁稚に入っている。アサヒとサントリーという我が国を代表する酒類メーカーの源流は、江戸時代から続いた大阪・船場にあった小西儀助商店で交錯していたのだ。なお、アサヒビールの駒吉とサントリーの信治郎は、名字は同じ鳥井だが、縁戚関係ではない。

話を戻そう。この頃、もう一つの大きな流れが始まる。一八八七年（明治二〇年）九月、ビール事業の将来性に着目した東京や横浜の中小資本家が集まり、日本一のビール会社を目指して、「日本麦酒醸造会社」が設立された（資本金一五万円、社長は鎌田増蔵）。

設立発起人の中に、資力と名声を兼ね備えた一流の資本家や実業家が参加していなかったため、出資者を勧誘する力はなかった。しかし、一八八九年四月の名簿には、株主に三井物産の幹部らが登場する。代表的な人物は三井物産横浜支店長だった馬越恭平。大株主の馬越は日本麦酒醸造の社長に就く。

日本麦酒醸造は、一八九〇年（明治二三年）に「恵比寿ビール」を発売、基幹ブランドとなる。そして九三年に会社は黒字化。経営は安定していく。

開拓使麦酒を祖とする札幌麦酒が、大倉財閥などの戦後でいう芙蓉グループに属したのに対し、馬越が率いた日本麦酒は三井グループになる。

こうして、麒麟、札幌、朝日、恵比寿と明治の四大ブランドができあがっていく。

†ビール税導入

一八九〇年当時のビールの値段は、「現在に換算すると一本五千円くらい、つまりシャンパンの値段」（『ぷはっとうまい――日本のビール面白ヒストリー』）だった。この年に開催された内国勧業博覧会（第三回）には全国から八三ブランドが出品しているので、日本で本格的なビール造りが始まってから二〇年前後で、一気にブルワリーが増えた形だ。この頃には、日本のビール会社は一〇〇社に膨らんでいた。ちなみに、現在クラフトビールは全国に六七七社（二〇二二年末）ある。

この活況に冷や水が浴びせかけられたのは、二〇世紀が始まる一九〇一年（明治三四年）だった。高額なビール税が、この年に課せられたのだ。

醸造高一石（一石は約一八〇リットル）につき七円の税金が徴収されることになり、売上代金の回収とは関係なしに前納する制度だった。その年の三月に公布され、一〇月一日に施行されたビール税により、各社は値上げを余儀なくされた。ビール消費は停滞し、中小メーカーの淘汰を招いていく。前年の一九〇〇年における全国のビール生産量は、前年比三八％増で一二万石を超えていた。ところが、ビール税導入と値上げにより、〇二年の全国生産量は一〇万石を割り込んでしまう。まさに乱高下である。

酒税はそれまで、日本酒だけに課せられていた。ビールは近代国家の象徴でもあるので、明治政府は、この新しい産業を育成させる方針だった。ところが事態は変わる。北清事変（義和団の乱、一九〇〇年六月〜翌年九月）が発生すると、第四次伊藤博文内閣はビール税創設に動く。

ビール税に大反対したのは、日本麦酒社長の馬越恭平だった。三井財閥出身の馬越は、業界リーダーとして反対運動の先頭に立つ。しかし、ビール税は導入され、一九〇四年からの日露戦争（一九〇四〜〇五年）でも戦費として使われ、太平洋戦争が終わるまで繰り返し増税されていった。「（税を）取りやすいところから取る」という国の徴税体質は、この頃から生まれていた。

日本のビール税が世界の中でも高いのは、戦費調達という歴史的な役割があったからだ。

しかし第二次世界大戦も終わり、戦費調達の必要はなくなったのに、なぜか高額のビール税は残っている。

帝国のビール会社「大日本麦酒」

札幌麦酒は、一八九九年六月には、東京工場建設を決定していた。業界四位だった同社は、東京への工場進出による起死回生を目論んでいた。翌年三月、現在の墨田区吾妻橋《あづまばし》の秋田藩主佐竹邸跡を、新工場建設用地として購入。同地は、現在のアサヒビール本社と墨田区役所である。一九〇三年六月に東京工場が稼働を始めるが、ビール税によって市場が縮小し競争が激化するなかでの東京進出だった。

ビール業界が苦境にあえぐなか、一九〇六年三月、日本麦酒、札幌麦酒、そして大阪麦酒の三社が合併して、大日本麦酒が設立される。『キリンビールの歴史（新戦後編）』（キリンビール編）によれば、「とにかく、日本、大阪、札幌三社間の合同話は比較的スムーズに進んだようである」とある。

誕生した大日本麦酒は馬越ら三井財閥が経営を主導していく。その初代社長には、馬越が就いた。アサヒビールの社史『Ａｓａｈｉ １００』によれば、「馬越と大倉の会談を基点に、渋沢が断を下し、鳥井が引き込まれる」とある。

合併比率は、日本麦酒二、札幌麦酒一・五、大阪麦酒一。シェアが高い大阪麦酒が一なのは、資産査定の結果だった。例えば、積立金と繰越金は日本麦酒が約七三・八万円に対し大阪麦酒は約二二・二万円。社債残高は大阪麦酒の七六万円に対し、日本麦酒はゼロだった。大日本麦酒は設立時に、三社合併の狙いを次のように要約していた。
①　国内での同業者間の競争を避け、海外に向かって販路を拡張する
②　主要原料のビール用大麦やホップ、機械機器などを国産化し、自給自足を実現する
③　外国人技師をできるだけ雇用しない
国内での圧倒的な強さを確立して海外に打って出る一方で、国産主義を徹底させる経営方針を掲げたのだ。

一九〇六年の大日本麦酒のシェアは、実に七一・八％に達した。残りは「キリンビール」のザ・ジャパン・ブルワリーの二〇・三％、「カブトビール」の丸三麦酒五・六％、「東京ビール」の東京麦酒新（旧桜田麦酒）の二・三％と続いた。

四社の合計で全国の九九・九％を占めた。馬越恭平が目指したビール業界の合同は、この九九・九に達するシェアを手中に収めようとするものだった。国内市場の完全な独占を

狙ったのである（独占禁止法ができたのは第二次大戦後）。このため、馬越はザ・ジャパン・ブルワリーと丸三麦酒も買収しようとした。が、いずれも不調に終わる。丸三についでは後述するが、ザ・ジャパン・ブルワリーに対する買収の申し入れは、「大日本麦酒が掲げる原材料・技術面の国産主義が受け入れがたいことなどを理由に謝絶された」（『アサヒビールの120年』）という経緯だった。

†吸収合併を拒否した麒麟麦酒

一方、「『麒麟麦酒株式会社五十年史』には馬越がJBC〔ザ・ジャパン・ブルワリー〕の会長（チェアマン）フランク・S・ジェームズに書簡、面談を通じて買収を申し入れたと記述している。しかし、この間の経緯を伝えるはずの重役会議事録は残っていない（中略）。したがって、この買収交渉が四社合同のためのものか、JBC以外の三社が合同した後のものかもわからない。（中略）JBCがこれら三社との合同もしくは大日本麦酒による吸収合併を拒否した」（『キリンビールの歴史（新戦後編）』）とある。

こうしたなか、明治屋は一九〇六年秋からザ・ジャパン・ブルワリーの買収に動く。明治屋社長の米井源治郎がジェームズ会長に申し入れて合意したが、岩崎久弥（岩崎弥太郎の長男・三菱財閥三代目総帥）三菱合資会社社長をはじめ三菱財閥首脳の了承を得ての買収成立だった。こうして一九〇七年（明治四〇年）一月二二日、麒麟麦酒が創立する。

社長は不在だが、麒麟麦酒の専務になった米井源治郎が実質的に新会社を経営した。創立時の株式五万株のうち、一・五万株を岩崎久弥、一万株を岩崎弥之助が引き受けたとされる。ただし、株式の名義は三菱や岩崎家の関係者に分散させた。

三菱系の麒麟は最後まで大日本麦酒には参画しなかった。三井財閥や渋沢栄一らへの対抗ばかりではなく、「市場の自由競争の確保」という思想も一緒にならなかった理由としてであった。

†統制強化

ビール税創設に加え、大日本麦酒というシェア七割を占める巨大メーカーが誕生し、さらに、明治政府が一九〇八年に最低製造数量（年間に製造しなければならない最低の数量）を定める。

一つの見方だが、大企業だけでなるビール産業と国との関係は、戦後のある時期までは〝持ちつ持たれつ〟だった。つまり、メーカーは高い酒税を支払う代わりに、国はメーカーに最低製造数量を課して、新規参入はさせないという形だったから。巨大資本のビール会社が、生産量に応じた税を国に納め、これを原資に国は軍備を拡張していった。米英への対抗を目指してである。これはビールの中心ユーザーが、富裕層だったからこそ可能な仕組みである。

ちなみに、ビールの最低製造数量が緩和されたのは一九九四年、いわゆる「地ビール解禁」によってだった。酒税法改正に伴い、年二〇〇〇キロリットルから年六〇キロリットル（大瓶六三三ミリリットルが、約九万五〇〇〇本）へ緩和され、全国各地に地ビールが誕生した。いまでは地ビールの多くは淘汰されたものの、二〇一〇年代からクラフトビールとして再興し、支持されるブランドは増えている。二〇二〇年からのコロナ禍の影響を受けながらも、だ。

シェア七割超の大日本とシェア二割のキリンという寡占構造は終戦後の一九四九年（昭和二四年）まで継続したが、実は、鳥井信治郎の率いた寿屋（現在のサントリーホールディングス）は、一九二八年（昭和三年）末にビールに参入していた（次章で詳述する）。しかし、寡占状態のマーケットに割って入ることはかなわず昭和九年に撤退。最終的に、大日本が寿屋鶴見工場を買収する。

大日本は、一九三三年に「三ツ矢サイダー」をもっていた日本麦酒鉱泉と合併する。日本麦酒鉱泉は一九二一年（大正一〇年）、加富登《かぶと》麦酒、帝国鉱泉、日本製壜の三社が合併してできた会社だった。中心にあった加富登麦酒は、一八八七年（明治二〇年）に愛知県半田に開業した丸三麦酒醸造所が起源。酢の老舗・中埜酢店《なかのすみせ》四代目の中埜又左衛門が、甥の盛田善平《もりたぜんぺい》にビール造りを命じたのが始まり。ドイツから醸造設備を導入し、愛知県半田市に工場（「半田赤レンガ建物」）を建設。「カブトビール」を発売する。ヒットはしたものの、四大ブランドには勝てずに赤字はかさむ。そこで、一九〇六年（明治三九年）一〇月、東武鉄道社長の根津嘉一郎《ねづかいちろう》（初代）に譲渡してしまう。大日本麦酒が設立したおよそ半年後だった。

ちなみに、ビール撤退を機に、盛田善平は製粉事業に注力。一九一九年（大正八年）、敷島製パンを創立する。ビールもパンも、麦と酵母によりできあがる点で共通するので、まんざら無縁でもない。また、当地の銘酒に「ねのひ」があるが、その蔵本は盛田という。善平は盛田家の分家出身であり、善平の妹は盛田家一三代目当主に嫁ぐ。その長男は盛田昭夫。戦後、井深大とともにソニーを創業する。

話を戻すと、根津嘉一郎は大日本麦酒社長の馬越恭平に対して、生涯にわたり敵対していく。『Ａｓａｈｉ１００』には次のようにある。
「「俺は麦酒を商売としてやって居るのではない。馬越との感情上やって居るのである。……何とかして馬越の頭を下げさせることを最後の目的としている」（『根津翁伝』昭和三十六年刊）と口走る関係になった。きっかけをつくったのは福沢桃介（著者注：福沢諭吉の女婿）である。

当時、花形相場師と目されていた福沢は、麦酒大合同に奔走する馬越が不用意に漏らした丸三麦酒会社（カブトビール）買収の企画を根津に伝え、二人して機先を制して同社を手中に収めたのである。馬越の戦略の一角がくずされた。（中略）負けん気で知られる根津は、当初こそ、やむなく経営を引き受ける形となったが、以来〝確執〟の生まれた馬越に猛烈な対抗心を燃やして「カブト」再建に取り組み、大正十（一九二一）年には「ユニオンビール」を主力とする日本麦酒鉱泉会社に脱皮させた。根津の幾たびかの和解申し入れを、馬越が「放漫無礼」にはねつけたことへの反発がバネになったと、『根津翁伝』にある」

つまり、馬越が丸三麦酒を買収しようとしているという情報を得た根津は、馬越よりも先に丸三株を買い占めた。「根津嘉一郎はもともと、証券市場の発達とともに実業界に勢力を広げた、投資家型企業グループ〝甲州財閥〟の領袖の一人」(『Asahi 100』)だったとある。だが、買い占めを嫌った馬越は、丸三麦酒を大日本に組み入れなかった。この結果、買い占めた丸三株を馬越に高値で売ろうとした根津の目論見は頓挫。そればかりか、丸三麦酒の経営に根津は正面から取り組まざるを得なくなってしまう。

一方で、丸三と麒麟も合併させて、大日本のシェアを限りなく一〇〇%にしようとした馬越の計画も流れてしまう。国内での競争を排除させ、大同団結させた大日本は海外に打って出るシナリオだったのに。こうした経緯から確執が生まれ、両者の対立は二七年間に及ぶ。

大正末期の設備投資競争、昭和に入っての捨て身の販売合戦を経て、一九三二年(昭和七年)年末に馬越は麒麟と丸三に、大日本との三社合同を申し入れた。〝東洋のビール王〟と異名をもった馬越の、経営者としての執念だったが、根津も麒麟もこれを一蹴する。具体的には、大日本の高橋龍太郎常務が、三菱銀行の加藤武男常務に三社合同の斡旋を依頼する内容だった。それでも、日本麦酒鉱泉は大日本麦酒と一九三三年七月に合併する。

同年四月に馬越が急逝。「訃報を聞いた根津は、「これでライバルがいなくなった。もう力が抜けてしまったから、いつ合併してもよい」と漏らしたという」(『アサヒビールの12

0年』)。この合併を機に根津はビール業界から離れた。根津は実業界での多彩な足跡のみならず、武蔵学園(現在の武蔵高等学校中学校、武蔵大学)を創立し、根津美術館をつくるなど文化事業を世に残したことで知られる。

根津が指導し、とりわけかわいがったのが、日本製壜出身の山本爲三郎《やまもとためさぶろう》だった。山本も根津を「事業経営の恩師」と仰ぎ慕った。山本は大日本麦酒の役員となる。そして戦後、山本はアサヒビールの初代社長を務め、ビール史の多くの面でキーマンとなる。

馬越に代わり、大日本麦酒社長に就いたのは大阪麦酒出身でもともとは技術者だった高橋龍太郎。高橋は山本を重用する。戦後の四九年、大日本麦酒は解体されるが、高橋は最後の社長となった。その後は日本商工会議所会頭、第三代日本サッカー協会会長、プロ野球にかつて存在した高橋ユニオンズのオーナーを務めた。さらに参議院議員となり、第三次吉田内閣では通商産業大臣を務める。多彩な経歴をもったが、長男の高橋吉隆はビール業界と深く関わることになる。

第二章

大手四社の戦後

†大日本麦酒の解体

連合国軍最高司令官総司令部（ＧＨＱ）による占領政策として、一九四五年（昭和二〇年）九月に財閥解体、四七年四月「私的独占の禁止及び公正取引の確保に関する法律」（独占禁止法、独禁法）の制定、同年一二月には「過度経済力集中排除法」（集排法）の制定と、資本の分野で矢継ぎ早に占領政策が実行されていった。

ビール産業は、大日本麦酒と麒麟麦酒の寡占状態だった。全国のビール生産の七割以上を占めていた大日本の専務・山本爲三郎は、「過度経済力集中排除法の適用による分割は必至」との見通しをもっていた。果たして、GHQから突きつけられた方針は、大日本の五分割、麒麟の二分割という厳しい内容だった。

山本は猛反発する。だが、一九四八年には、集排法の実施機関である、持ち株会社整理委員会から、大手ビール二社を含む国内の大企業三二五社が、その指定を受ける。

ところが、この時代は何がどう転ぶか予測がつかなかった。米ソの冷戦が始まったことで、GHQの対日政策は急転回するのだ。すなわち、非軍事化を目的とした経済発展の抑制策から、逆に経済自立と復興へと変わる。

集排法は緩和され、麒麟は分割を免れた。集排法により当初の対象とされた三二五社のうち、最終的に企業分割されたのは一一社。大日本麦酒は実際に分割された企業のなかでも、旧日本製鉄（集排法により旧八幡製鉄と旧富士製鉄に分割）と並ぶ大企業だった。

一九四九年九月、東日本を中心とする日本麦酒（サッポロビール）と、西日本中心の朝日麦酒（アサヒビール）が設立。アサヒビールの初代社長には山本爲三郎（大日本の元専務）が、サッポロビール初代社長には柴田清（大日本の元常務）が、それぞれ就任した。両社ともに資本金は一億円だった。

大日本の最後の社長で清算人代表は高橋龍太郎だった。清算作業も一九五二年にはめどが立ち、ほぼ半世紀の企業活動が終了する。

社史『Ａｓａｈｉ　１００』には、「業界トップ、しかも戦前の日本の産業界でも屈指の規模を誇った大日本麦酒である。社風はややもすればおっとり型で、現状維持的な体質が強かった。しかし、今日からは会社の規模は半分になる。もはやいままでの大企業ではない」と、新会社発足時の様子が記されている。

旧住友銀行の副頭取からアサヒビールの社長に転じ、一九八七年「スーパードライ」のヒットに社長として立ち会った樋《ひ》口《ぐち》廣《ひろ》太《た》郎《ろう》は、かつて次のように筆者に話したことがある。

「ＧＨＱから見て（集排法の対象となった）ビール産業とは鉄と同じくらいに、日本の最先端産業だった。だから優秀な人材はビール産業に集まっていた。（八六年にアサヒに）来てみると、住銀以上にアサヒには優秀な人材がたくさんいた」

巨大企業の大日本麦酒が、東日本のサッポロと西日本のアサヒという具合に、地域で分割されたのは特徴的だったといえる。東京に次ぐ大市場だった大阪に、札幌麦酒時代のサッポロは事務所しか置けなかった。一方、大阪麦酒時代のアサヒは東京支店が最東で、北関東や東北、北海道には出張所さえ設置できなかった。札幌麦酒は工場も支店も名古屋以東に集中し、大阪麦酒は大阪以西に集中していた。例外だったのは東京と九州で、両社の工場と支店とが混在していた。

両社は、分割時にお互いのテリトリーを守って販売活動をすることで合意していた、とされている。有力な特約店（問屋）を、サッポロ、アサヒともに確保していたことが背景にあるようだ。

†統制から自由競争へ

分割後一九五〇年から五三年までは、国がキリンを含めた三社に対し、ビールの原料である大麦を割り振っていたり、三社間で協定を結んでいたりと、シェア差はほとんどなかった。

『アサヒビールの120年』には、

「原料大麦は引き続き統制下にあり、1950年の割当比率は朝日麦酒と日本麦酒が36・2％、麒麟麦酒が27・6％であった。1952年6月には麦類が間接統制に移行したことで、払い下げによる割当制は解消（中略）。1953年にも各社は前年に基づき生産比率の協定を締結したが、需要の急増により有名無実化し、以後協定は結ばなくなった。

各社のシェアは原料大麦の割り当てがつづいた1951年までは、基本的にその配分比率に制約されたが、1953年には朝日麦酒が33・5％のシェアを獲得してトップに立った。しかし、翌1954年になると麒麟麦酒に1位の座を奪われ、その後は下降傾向を辿った」

とある。しかし、キリンとサッポロの社史などの内部資料で比較すると、五三年の出荷量（課税移出数量）は、アサヒが一二万三九八六キロリットル、キリンは一二万三六四六キロリットル、サッポロは一二万四四〇一キロリットルとなっている。サッポロはアサヒを四一五キロリットル上回っていて、シェアに直すとサッポロ三三・四四％、アサヒ三三・三三％となり、トップはサッポロとなる。いずれにせよ、五三年のシェアは、三社はいずれも三三％台であり、コンマ以下の僅差だった。

ただし、アサヒは「自分たちはトップメーカー」と認識していた。ここが実は重要な意味を持つ。

第一次小泉純一郎内閣が成立した二〇〇一年、ビールと発泡酒の総市場でアサヒはキリンを抜いてシェア一位となる。事実が判明した〇二年に入り、新聞や雑誌は一九五三年以来「四八年ぶりにシェアトップに返り咲いた」と報じたからだ。

仮に、一九五三年のトップがサッポロだったなら、アサヒは首位を「奪還」したのではなく、初めて「奪取」したことになる。

ちなみに、シェアは一九八〇年代後半のビール商戦激化に伴い、大きなテーマになっていく。酒類は蔵出し税といって、主に工場の門を出た時点、すなわち市場に出荷された時点で課税される。シェアを出荷量で表すのか、あるいはメーカーと流通とで取引が成立した時点の販売量としてはかるのかで、数値は多少変わっていく。

管理統制が解除され協定もなくなり、生産活動が自由化されたのは一九五四年（昭和二九年）から（ちなみに販売において、酒類の自由取引が再開されたのは四九年七月から。それ以前は配給制）。

『アサヒビールの120年』には、「山本社長は、1955年の創立記念日の挨拶で、「麒麟社は終始一商標で一貫した経営の強みがあり、当社は合併に次ぐ合併、又分離、商標の変更等で自然、販売網に頼らざるを得ない弱点がありました」と述べていた」とある。

キリンは「キリンビール」という全国ブランドを使えた。これに対し、旧大日本の二社にとっては、全国に通用する商品ブランドがなかった。サッポロは前述したように東日本で強かった「サッポロ」ブランドを一時放棄して、新たに「ニッポン」としていた。

西に強い「アサヒ」ブランドは関東や東北など東日本では知られていなかった。「大日本」というコーポレートブランドが、全体を支えて商品を知らしめていた構図だった。

この頃のビール市場は、急拡大していく。三社（キリンと、分割されたアサヒとサッポロ）合計の課税移出数量は、一九四九年が約一四万キロリットルだったが、自由競争がスタートした五四年には約三九万キロリットルと二・八倍になった。

いわゆる五五年体制（左右に分裂していた日本社会党が統一し、保守合同により自由民主党が誕生）が成立した一九五五年約四〇万キロリットル、「もはや戦後ではない」と『昭和31年度経済白書』に謳われた五六年には約四五万キロリットル、五七年は五五万キロリットルと、まさに右肩上がりで市場は伸びていく。

†三河屋のサブちゃんが運んだのはキリンラガー

一九五四年からの自由競争のなかで、三社は攻防を繰り返すが、その後はそれぞれ異なる道を辿っていった。

醸造酒のなかでも、日本酒のアルコール度数は一五％前後なのに対し、ビールは五％前後。ビールは低アルコールであり、しかも発泡性であるため、夏場に冷やして飲まれることが多い。高温多湿な我が国の夏に、ビールがもたらす爽快感は、何物にも代えられない魅力ではあろう。

ただし、明治期から戦費調達を目的に高い税金を課せられてきたビールはアルコール度数当たりの値段は高く、飲食店で飲む高級酒という位置づけだったのだ。これは戦後になっても変わらなかった。

『Asahi 100』によれば、

「1949年のサラリーマンの年収月割りが8810円（労働省資料）であるのに対し、大瓶1本は126円50銭（公定価格）もした。ビールはぜいたくな飲物であり、ホテル、料亭、高級バーなどの業務用消費が80％以上を占め、まだまだ一般家庭では手が届かない高級飲料だったのである。

当然、営業活動は、こうした料飲店を攻めることから始まった」

とある。戦前を描いた谷崎潤一郎や永井荷風の作品中にも、ビールはカフェなどで供される高級な酒として描かれている。

戦前、そして戦後の昭和二〇年代においてもビールの飲食店向けシェアは圧倒的に高く、旧大日本麦酒のアサヒとサッポロは業務用に強かった。自由競争になる一九五四年以降も、それまでの自分たちの強さにこだわり、両社は業務用を中心に営業をする。

これに対し、業務用に弱かったキリンは家庭用ビール市場の開拓に力を入れる。「業務用には入れず、家庭用に向かわざるを得なかった」（キリン元役員）という指摘もある。

一九五〇年前後からキリンは、特約店（問屋）の確保に動き出していた。キリンの内部資料には、「当社は清酒醸造業者や醤油醸造・販売業者などを新しい特約店として起用した。なお、新規業者の中には家庭用の販路を持っているものもあり、後に家庭でのビール消費が大幅に伸びる際、これが強みとなった」とある。

販売量の拡大、なによりビール販売未経験の新規特約店獲得に伴い、キリンは業界に先駆けて一九五〇年一月から手形取引を開始する。それ以前は現金取引だった。これにより、確実な現金回収が確立されて、特約店とのトラブルも解消されていくが、早くから基盤整備にキリンは着手していたのである。

高度経済成長から一般家庭にも冷蔵庫が普及するのに伴い、ビールは家庭でも飲まれるようになり、キリンはシェアを広げていく。

逆に、業務用に成功体験をもつアサヒとサッポロは、家庭用へのシフトに踏み切れなかった。まさに負けながら弱くなっていった。

昭和三〇年代に入ると、東京などでは酒販店が一般家庭を回り、味噌や醬油とともにビールの注文を聞いて配達する「御用聞き」が定着していく。漫画『サザエさん』に登場する「三河屋さんのサブちゃん」のように。サブちゃんが軽トラックあるいはオート三輪で運んだのは、ケースに大瓶が二〇本入ったキリンラガーだったのだ。

サブちゃんはビールや味噌を運ぶだけではなく、月末には集金も行う。酒屋を要に、地域が形成されてもいた。いずれにせよ、酒販店の宅配の拡大に比例し、キリンはシェアを上げていく。勝ちながら強くなっていった。

キリンビール伸長の背景

現実に数字で検証してみよう。

冷蔵庫の普及率は一九六〇年には一〇%程度だったのが、六六年には六〇%を超え、七〇年にはほぼ九割に達し七一年には九〇%を突破する。

ビールの国内市場（販売量）は、冷蔵庫の普及と比例して急拡大する。

一九五五年が、四〇万三四一三キロリットル（シェアはキリン三六・九%、アサヒ三一・七%、サッポロ三一・四%）。一九六〇年は九一万九四六一キロリットル。一九六六年は二一二万二六一九キロリットル。一九七〇年は二九七万二六四五キロリットル（キリン五五・四％、アサヒ一七・二％、サッポロ二三・〇％、サントリー四・四％）。

ちなみに七一年に、市場は初めて三〇〇万キロリットルを超えた（三〇五万二五一四キロリットル）。シェアはキリン五八・九％、アサヒ一四・九％、サッポロ二一・一％、サントリー四・二％となる。

なお、一九五七年から六七年まで、宝酒造（現在は宝ホールディングス）が、群馬と京都に二工場を持ちビールに参入していた。撤退したのは、ビールを扱う特約店網（流通網）が手薄だったからとされる。

全体を理解していただくために、国内ビール市場の〝この後〟についても、少し触れておく。冷蔵庫が普及しきった一九七五年には五五年のほぼ一〇倍の三九五万五五一九キロリットルになる。八五年には一〇年間で約二割増の四七八万五三二八キロリットルに拡大する。そしてマーケットが過去最大となったのは九四年の七二五万五六九一キロリットル。この年にはサントリーが我が国初の発泡酒「ホップス」を発売。数字はオリオンを含めた大手五社のビール出荷量に、「ホップス」の販売量の八三九九キロリットルが加算されている。

だがビールだけ見ても、八五年と比較して約一・五倍も市場が大きく拡大しているのは、「スーパードライ」と「一番搾り」のヒットが大きい（詳しくは後述する）。

一九九四年のビール出荷量と発泡酒販売量の合計は箱数に置き換えて、五億七三二一万五九五五箱（一箱は大瓶二〇本＝一二・六六リットル。一ケースとも言う）で表される。数量ベースでは、酒類全体の七割以上がビールと発泡酒で占められた。

冷蔵庫が家庭に行き渡った一九七五年の段階で、ビール消費は七割が家庭用、飲食店の業務用が三割となる。業務用が八割を占めていた四九年頃とは、市場構造そのものが大きく変わっていたのだ。

家庭用七に対し業務用三の比率は、コロナ禍前の二〇一九年までは、あまり変わらない。ビール酒造組合が公表しているデータを基に計算すると、一五年のビール類（ビール、発泡酒、新ジャンル）市場に占める業務用は二七％の構成比だった。一九年のビール類市場に占める業務用は約二五％、残りは家庭用の構成。コロナ禍となる二〇二〇年からは家庭用の比率が圧倒するが、コロナ禍という特殊要因からだった。

†アサヒとニッカ

話を戻そう。

一九五四年、アサヒはニッカウヰスキーに資本参加する。ニッカの大株主だった加賀証券社長の加賀正太郎が病気に倒れ、加賀は知友だったアサヒ社長の山本爲三郎に、他の株主分と合わせ約六割の株式を譲渡したのだ。

ニッカの創業者、竹鶴政孝を加賀は資金面から支えていた。だが、竹鶴と山本はかつてから交流があった。摂津酒造（一九六四年に宝酒造と合併）の社員だった竹鶴は、ウイスキーを学ぶ目的で一九一八年（大正七年）にグラスゴー大学に留学する。

神戸港から出発する際に、竹鶴を見送ったのは摂津酒造の関係者だけではなかった。「寿屋の鳥井社長もいた。（中略）後に朝日麦酒社長になる山本爲三郎もまじっていた」（松尾秀助『琥珀色の夢を見る――竹鶴政孝とニッカウヰスキー物語』PHPエディターズグループ）

留学二年目の竹鶴は、一九二〇年に開業医の娘ジェシー・ロバータ（リタ）・カウンと現地で結婚して同年帰国した。もともとウイスキー参入を計画していた摂津酒造だったが、経営難から参入を断念してしまう。浪人を余儀なくされ、一時教職に就くなどしていた竹鶴をスカウトしたのは、寿屋（サントリー）を創業した鳥井信治郎。二三年（大正一二年）

春のことだった。

ＮＨＫ連続テレビ小説「マッサン」（二〇一四年秋から一五年春に放映）は、竹鶴政孝とリタ夫人の物語がベースとなっている。三菱商事出身でローソン社長を務めていた新浪剛史がヘッドハンティングでサントリーに入社する、九一年も前の話だった。

†鳥井と竹鶴

鳥井、山本、竹鶴と、我が国のビール・ウイスキー産業におけるビッグネームが登場したところで、現在の〝ビール大手四社〟の一角であるサントリーと三人の関係について触れる。

創業者の鳥井信治郎は、一八七九年一月、両替商・鳥井忠兵衛の次男（男二人、女二人の末っ子）として大阪市東区で生まれる。小学校を〝飛び級〟で卒業した鳥井が、大阪商業学校（現在の大阪市立大学）で学んだ後、親元を離れたのは一三歳の時だった。

第一章で若干触れたが、大阪は船場《せんば》・道修町《どしょうまち》にあった薬種問屋の小西儀助商店に、鳥井は住み込みの丁稚として入る。四年ほど奉公し、博労町《ばくろうまち》にあった絵具・染料問屋の小西勘之助商店に移り三年働く。薬も絵具・染料も、ウイスキー造りに求められる混ぜる技術、すなわちブレンドを求められる職場だった。

商売のメッカ船場にて、商道を学んだ鳥井信治郎は一八九九年（明治三二年）二月、大阪市西区靭《うつぼ》中通二丁目（当時）に鳥井商店を開業する。このとき鳥井は、二〇歳になったばかり。

葡萄酒や缶詰を扱うが、やがてスペイン産ワインをベース酒に使い甘味料と香料を調合して鳥井がつくりあげたのが「赤玉ポートワイン」だった。赤玉ポートワインは大ヒット。得た利益を元手に、鳥井は自分がやりたかったウイスキーへの参入を計画していく。

赤玉ポートワインは第一次世界大戦中の一九一六年頃、摂津酒造で委託生産されていて、「製造を担当していたのは、大阪高等工業学校醸造科（筆者注：現在の大阪大学）を卒業して入社していた竹鶴政孝であった」（三鍋昌春『日本ウイスキーの誕生』小学館、二〇一三）とある。つまり、鳥井は竹鶴を赤玉ポートワインの製造を通じ知っていたのだ。

「その後、信治郎は一九一八（大正七）年に竹鶴が留学のため神戸港から出発するのを見送ったばかりでなく、一九二三（大正一二）年には、前年摂津酒造を辞していた竹鶴を自社にスカウトすることになる」（同書）

という前述した経緯を辿る。

三井物産ロンドン支店に対し、鳥井はウイスキー醸造技師の招聘を依頼する。しかし、結果としてスコットランドから醸造技師は来日しなかった。そこで、スカウトしたのが、竹鶴だったのだ。大卒者の初任給が四〇円から五〇円だった時代に、外国人醸造技師に予定していたのと同じ年俸四〇〇〇円、契約期間一〇年で、竹鶴は寿屋に入る（鳥井がサントリーの前身である寿屋を創立したのは一九二一年）。

山崎蒸溜所は一九二三年に着工。工場建設の一切を、鳥井は竹鶴に任せる。麦芽粉砕機などはイギリスから輸入したが、心臓部である蒸溜釜は、初溜釜、再溜釜（いずれも銅製）ともに大阪の鉄工所が製作した。翌二四年一一月に山崎蒸溜所は竣工し、蒸溜作業は同年一二月から開始された。我が国で初めて、ウイスキーが誕生した瞬間だった。

†鳥井のビール事業

しかし、鳥井のウイスキー事業はいきなり試練にぶち当たる。

ウイスキーは他の酒類と違い、最低でも数年間の長期熟成を伴う。製品になって出荷されて市場で売れるまで、現金が入らない。その間も、生産活動は続く。

赤玉ポートワインの利益だけでは、ウイスキー事業は支えられなくなり、鳥井信治郎は多角化事業に乗り出す。愛煙家向けの歯のヤニを取る歯磨き粉「スモカ」、ソース、紅茶、そしてビール。

アイディア商品のスモカはヒットした。しかし、ビール事業は頓挫していく。

日本初のウイスキー「サントリーウイスキー白札《しろふだ》」が発売されたのは一九二九年（昭和四年）四月。残念ながら、白札は売れなかったが、発売前年である二八年一二月、寿屋は横浜市鶴見区のビール工場「日英醸造」を一〇一万円で買収する。

そして白札発売と同じ一九二九年四月に「新カスケードビール」として売り出した（翌年にブランドを「オラガビール」に改称）。第一章でも触れたが、市場は大日本と麒麟が支配する寡占状態にあった。他社は一本三三銭だったのに対し、寿屋は当初一本二九銭で売り出す。改称したオラガビールは二七銭で売り出し、三一年六月には二五銭まで値下げし、低価格戦略で寿屋は挑んだ。

寿屋に圧力をかけたのは、同じく横浜を拠点とする麒麟麦酒だった。生産量が少ないオラガビールは、他社が使用した瓶を共用していた。これに対し、製瓶工場を持ち、自社製瓶だった麒麟は、商標権侵害でオラガを訴えたのだ。裁判は、麒麟の勝訴で終わる。

寿屋は一九三四年（昭和九年）一月、生産設備を大日本麦酒に譲渡して、ビール事業から撤退した。五年に及ぶ奮闘だった。売却金額は三〇〇万円。買収額が一〇一万円なので、〝売り抜けた〟格好にはなった。

†あのときの青年

もっとも、寿屋にとって衝撃だったのは竹鶴政孝が一九三四年三月に退社したことだったろう。

ビール事業開始に伴い、鳥井の要請に応じて竹鶴は横浜のビール工場長も兼務していた。このため、竹鶴は鎌倉に引っ越していた。ビールを蒸溜、樽詰めして長期熟成したものがウイスキーだ（ちなみに、ワインを蒸溜し長期熟成したものはブランデー）。なので、ビールとウイスキーとは関係性は深い。しかし、竹鶴にとって、ビールづくりは本意ではなかった。もともと一〇年の契約であり、期限が到来した一九三二年に退社を申し入れたが、鳥井から慰留されていたのだ。

『琥珀色の夢を見る』には、竹鶴の次のような述懐がある。

「清酒保護の時代に、鳥井さんなしに民間人の力でウヰスキーが育たなかっただろうと思う。そしてまた鳥井さんなしに私のウヰスキー人生も考えられなかったことはいうまでもない」

退社から四カ月後の一九三四年七月二日に、竹鶴は「大日本果汁株式会社」（現在のニッカウヰスキー）を設立。林檎果汁から始めて、北海道・余《よ》市《いち》蒸溜所でウイスキーの蒸溜を始めたのは三六年秋だった。

余市蒸溜所の「ウヰスキー」は海軍指定工場となり、ほとんどを海軍が買い取ってくれた。しかし戦後、自由競争になると、営業力の弱いニッカの経営は低迷していく。竹鶴は、本物志向が強く、低価格の普及品（当時の二級ウイスキー）を造ろうとしなかった。戦後の混乱が続く中で、多くの人は「明日の米より今日の麦」とばかりに安価な酒を求めていたのにだ。

そして前述のように、一九五四年（昭和二九年）に、ニッカはアサヒの傘下に入る。アサヒ社長の山本爲三郎は、この三六年前に神戸港でスコットランドへ留学する竹鶴を見送ったのだ。〝あのときの青年〟は、「スコットランド以外では不可能」とされたウイスキーを日本で作り上げていた。山崎蒸溜所を建設し、いまはニッカを経営している。

山本はニッカの経営には直接関与せず、相談役となる。ただし、人を送り営業にてこ入れしていった。

†極秘計画

アサヒの山本爲三郎は一九六三年に、サントリー（ビールへの再参入を機に六三年三月、寿屋からサントリー株式会社に名称変更）と業務提携して、サントリービールをアサヒ系列の特約店（問屋）で扱うことを認めた（発表は六二年一二月二〇日）。サントリーでビール再参入を決断したのは、二代目社長の佐治敬三（創業者・鳥井信治郎の次男）だった。

それにしてもなぜ、〝虎の子〟である特約店網を山本はサントリーに開放したのか。

「山本さんは自社のためではなく、ビール業界全体の発展を考えて、当時は命より大切だった特約店網をサントリーに開放した」（薄葉久《うすばひさし》アサヒビール元副会長）

という指摘がある。『Ａｓａｈｉ１００』には、

「山本は大阪の生まれである。「近所の同業ができたら誼《よしみ》を深くして相励め」の一節をしばしば口にしていた」

と、山本の人柄に触れている。さらに、一九六二年二月二〇日に逝去した鳥井信治郎との長年にわたる交流もベースにあったろう。

だが、実はもう一つ、大きなことが水面下で同時進行していた。それは、アサヒとサッ

ポロの合併である。六二年一〇月二三日から、有楽町の東京商工会議所会館で、両社は交渉のテーブルに着く。極秘裏に。

東商会館は馬場先門交差点の角にあり、当時本社が京橋にあったアサヒ、同じく銀座にあったサッポロから、いずれも徒歩で移動できた。

一九五三年のアサヒ、サッポロ、キリンという三社のシェアは拮抗していた。それから九年、六二年にキリンはシェア四五%まで伸ばしていたのに対し、アサヒもサッポロもともに二六%台（アサヒが落ちサッポロが伸びて、ちょうど拮抗していた）と、〝格差〟は広がる一方だった。それでも、かつての大日本麦酒に戻れば、シェアは五割を超えて、キリンを上回れた。

合併するならいましかないと、山本は交渉を進めていく。サッポロ側は松山茂助社長。一九六三年二月、合併交渉は大詰めを迎え発表は間近となる。

ところが、直前に一部の新聞に交渉の事実をスクープされてしまう。この結果、三月二六日に、合併は「白紙撤回」される。過度経済力集中排除法で分割されただけに、巨大メーカー復活でネックになるのは独禁法だった。

「合併構想は公正取引委員会への意向を打診するなど慎重に練られていたのだが、不用意に情報が流れたため、社内、特約店、さらには業界全体の混乱を慮《おもんぱか》っての「白紙還元」であったとされている」（『Ａｓａｈｉ１００』）

とある。合併交渉は慎重に進めなければならなかったのに、事前に情報が漏れてしまったことが致命傷となったのだ。反対する向きが、マスコミにリークしたということも、想像の範囲である。

新規参入するサントリーに特約店網を開放して自由競争を推進させる一方で、シェア五割を超える巨大ビール会社を復活させて、拡大を続けるキリンに対抗する――。

こんなシナリオを山本は描いたのではないか。しかし、シナリオはサントリーがビールを発売する、ほぼ一カ月前に瓦解する。

本当は、独禁法回避のための自由競争推進（サントリーの特約店網開放）と、アサヒとサッポロの合併とは、二つで一つのセットでなければならなかった。

ところが、より重要だったはずの合併が流れ、自由競争推進のみが実行された結果となる。仮に合併が実現できていたなら、アサヒの特約店網をサントリーに開放しても、サッポロの特約店網の方は閉じたままにしておけば、営業面での影響は限定されるはずだった。

それから三年後の一九六六年（昭和四一年）二月、山本は急逝した。アサヒの中島正義社長とサッポロの松山茂助社長は、直後に話し合いをもち合併問題が再浮上するものの、合意できなかった。そして六八年、アサヒは大台だったシェア二〇%を割り込んでしまう。

†「やってみなはれ」

サントリーと言えば「やってみなはれ」の会社である。

「「やってみなはれ」が、サントリーのDNA」(佐治信忠サントリーホールディングス会長)なのは、昔も今も変わらない。

この言葉が、最も象徴的なシーンとして使われたのは一九六一年(昭和三六年)春。サントリー第二代社長になる佐治敬三が、ビール事業参入の意志を、病気で自宅療養していた鳥井信治郎に伝える。このときに、創業者が息子に対して発したとされている。『新しきこと面白きこと――サントリー・佐治敬三伝』(廣澤昌著、文藝春秋)には次のようにある。

「「わてはこれまで、ウイスキーに命を賭けてきた。あんたはビールに賭けようというねんな。人生はとどのつまり賭や。わしは何も言わん。やってみなはれ」

後に、信治郎の一生を描いた北條誠の芝居「大阪の鼻」には、このような名台詞でこの場面が表現されている」

信治郎は、戦前にビールに参入し、撤退した経験をもつ。美談として芝居にもなってい るが、現実には佐治のビール参入を鳥井は心配していたようで、「息子がこれから若気の至りで無茶をやりよるらしいので」と、大物に後事を託していたとも言われている。

こんなやりとりの直後、すなわち一九六一年の五月三〇日、信治郎は会長に引き、社長を佐治に譲った。

そして六二年(昭和三七年)二月二〇日、信治郎は八三歳で逝った。

東京府中市に武蔵野工場が完成したのは翌六三年四月二〇日。四月二七日からビールを発売する。「やってみなはれ」の象徴でもあったビール事業へ、ついに参入を果たし、これを機に三月、社名を寿屋からサントリーに変える。

生ビール「純生」(初代)が発売されたのは一九六七年四月。ビールに加え発泡酒と新ジャンルからなるビール類事業が黒字化を果たしたのは二〇〇八年であり、参入から四六年目だった。

†銀行家がアサヒ社長に就任した事情

住友銀行（当時）がアサヒビールに、初めて経営トップを派遣したのは一九七一年（昭和四六年）。高橋吉隆・住銀副頭取が同年二月、アサヒビールの社長に就いた。

以来、延命直松《えんめいなおまつ》（住銀元常務）、マツダ（当時は東洋工業）再建に実績をもつ村井勉（同副頭取）、そして大ヒット商品となる「スーパードライ」を生んだ樋口廣太郎《ひぐちひろたろう》（同副頭取）と、派遣社長は四代にわたる。

住銀は、経営不振に陥った企業を再建、あるいは救済する銀行として知られていた。その手法は、優秀な住銀マンを不振の企業に派遣する。それでも効果がない場合はライバル社と合併させてでも、経営破綻という最悪の事態を回避させていた。

間接金融を中心に戦後の急成長を遂げた我が国の産業界では、銀行の支配力は絶大だった。一方で銀行にとっても、取引先が潰れるという事態は信用に関わる大問題だった。今では信じられないだろうが、少なくとも一九八〇年代まではそうだった。古くは、プリンス自動車の日産自動車との合併（六六年）、安宅産業《あたかさんぎょう》の伊藤忠商事との合併（七七年）。さらにオイルショックに直撃されたロータリーエンジンのマツダ、イトマンなどは人を派遣して再建した（イトマンは、いわゆるイトマン事件の影響でその後破綻）。

キリンとの差は拡大し、サッポロにも抜かれ、アサヒはシェア三位に甘んじていた。さらに、同じ流通網のサントリーも、ヒタヒタと追い上げていた。

もっとも、住銀から高橋が派遣された背景には、救済とは別の事情があった。

低迷はしていても、名門アサヒは〝腐っても鯛〟。この頃は、経営危機にまでは至ってはいなかった。

一九九〇年だったか、樋口廣太郎は筆者に、住銀がアサヒに経営トップを派遣する理由を説明してくれた。

「アサヒがサッポロとの合併を目指したためだった。ちょうど、（高橋吉隆が社長に就任する前年の一九七〇年に）八幡製鐵と富士製鐵が合併して新日本製鐵（現・日本製鉄）ができた。ならば、同じように過度経済力集中排除法により解体されたアサヒとサッポロも合併できるのではと、アサヒが住銀に、高橋さんの社長就任を要請したんだ」

高橋吉隆は、大日本麦酒で最後の社長を務めた高橋龍太郎の長男だった。「住銀から高橋さんが来る前のアサヒは、住銀よりも興銀（日本興業銀行。現在のみずほ銀行）との関係が深かった、と上司から聞かされた。高橋龍太郎の息子を社長に立てれば、サッポロは（合併を）承諾すると、アサヒは考えたのだと思います」と、アサヒ元幹部は指摘する。

東洋経済新報社が発行する『会社四季報』の一九七〇年新春号（六九年一二月発行）、春号（七〇年三月発行）、夏号（七〇年六月発行）、秋号（七〇年九月発行）、七一年新春号（七〇年一二月発行）の五冊から、アサヒビールを調べてみた。すると、住友銀行がアサヒの大株主として登場するのは秋号から。四〇〇万株の保有で五位だった。夏号以前には、住銀をはじめ銀行の名前は大株主に入っていない（少なくとも『四季報』に記載される上位には）。五冊とも一位は第一生命で、いずれも一〇五七万八〇〇〇株だった。「私がアサヒに入社した一九七二年、相談役に石坂泰三さん（第一生命社長、東芝社長を経て五六年～六八年に第二代経団連会長）がいました」（アサヒOB）という。

四半期決算はしていなかった七〇年当時、夏号の大株主情報は六九年一二月決算が情報元。秋号は七〇年六月の中間期決算がベース。一月から六月までのどこかで住銀が大株主となった形だ。

また主要取引銀行は、五冊のいずれも、「住友、第一、三井、三和、協和、興銀」とある。

当時のサッポロ社内には高橋吉隆を「坊ちゃん」と呼んだ、古参の幹部が多かったそうだ。高橋と一緒に、旧住銀常務だった延命直松もアサヒ専務に就く。

しかし、またしても調整はつかず、合併交渉は不調に終わる。一九六三年、六六年に続き、三度目の〝決裂〟となった。新日鉄のようにはいかなかった。

しかもだ。ビールを知らない銀行出身の社長が経営の舵取りをしてから、アサヒは〝ナイヤガラの滝〟と呼ばれるほどの凋落を示していく。

大阪万博が開催された一九七〇年、アサヒのシェアは一七・二％あった。これが銀行出身の高橋が社長に就いた七一年は一四・九％と二・三ポイントも急落。同じく延命社長となった七六年は一一・八％、三代目の村井社長が誕生した八二年は一〇・〇％、八四年には大台の二桁を割って九・九％、そして八五年は最悪の九・六％にまで落ち込んでしまう。

ちなみに、一九八五年のサントリーのシェアは九・三％。サントリーの息づかいが、背中に感じられるほどの僅差となる。

†アサヒのリストラ

アサヒに住銀出身の社長が就く一九七一年から八六年まで、多少の変動はあるものの、キリン、サッポロ、アサヒの特約店三系列で、シェアは固定化されていく。キリン六割強、サッポロ二割強、アサヒとサントリーの合計が二割弱。特約店を川上とする流通における支配力の差が、そのままメーカー別のシェアに直結していたのだが、唯一変動していたのがアサヒ系だった。両社で二割弱という固定化されたシェアのなかで、サントリーが伸びてアサヒが減るという流れとなっていった。

「アサヒはサントリーに軒先を貸したら、母屋を取られた」などと、業界内では揶揄されるようになっていく。

一九五三年に慶応大法学部を卒業し、当時は名門だったアサヒに同年入社した瀬戸雄三は、七〇年に神戸支店の販売課長から本社のビール販売課長に昇格する。当時、アサヒがシェアを落とし続けていた原因は、工場の稼働率を上げるため流通に対して無理な押し込み販売をしていて、その結果、流通在庫が膨らみ古いビールを消費者が飲むようになったため、と考えられていた。鮮度の落ちた古いビールは、おいしくはない。

そこで本社の課長となった瀬戸は、問屋の在庫を減らして新しいビールを酒屋に届けるため、静岡、愛知、香川、高知の四県で、地域別の販売てこ入れを実験的に行う。一九七一年のことだった。

四県でラジオCMを流すが、CMには東映のトップスターだった高倉健を起用。「飲んで貰います」と高倉が決め台詞を吐く（これは高倉のヒット作「昭和残侠伝」の名台詞「死んでもらいます」のパロディーだった）。さらに、高倉を使った複数のポスターも制作した。

コピーはいずれも、「飲んで貰います！　確かな手ごたえ　アサヒビール」。そもそも、コマーシャルには出たがらなかった高倉を起用できたこと自体、大きな成果だった。

しかし、費用が七八〇〇万円もかかってしまう。ちなみに一九七〇年の大卒初任給は三万六〇〇〇円。瀬戸は、上司である部長の許可を得てはいたが、部長から役員会には報告がなされていなかった。そのため、七一年二月に旧住銀常務からアサヒ専務に就任していた延命直松（七六年から社長）の逆鱗に触れ、瀬戸はわずか一〇カ月ほどで、大阪の販売課長へと左遷されてしまう。

アサヒにせよキリンにせよ、ビール会社の中心は営業である。瀬戸は、アサヒ発祥の地である大阪の営業で好成績を上げて出世した。だが、前例のない挑戦に踏み切ったところ、銀行から来たばかりの専務により、飛ばされてしまったのだ。

この様子を、アサヒのプロパー社員たちはみんな見ていた。「今までのアサヒとは、もう違う」と感じた社員もいたはずだ。

サッポロとの合併は果たせないまま、高橋、延命と二代続けて住銀出身の社長が経営の舵を握る。しかし、前述の通り凋落はひどくなる一方だった。

†去るも地獄、残るも地獄

そして一九八一年、アサヒは創業以来初めてのリストラを断行したのだ。対象者は約五〇〇人。「勇退者優遇処置制度」という名の実質的な指名解雇だった。

この時二〇代半ばの若手営業マンAは、会社人生で最も辛い日々を経験する。勤務先の都内営業所には七人の営業マンがいたが、そのうちのベテラン二人が四月に（解雇の）指名を受ける。退職日は九月。二人が指名された翌日から、七人の営業は朝八時に営業所を出ると、駅前の駐車場に車を入れて、八時半には隣の喫茶店に集まった。

会社に残る五人は二人の先輩の愚痴を、昼まで毎日聞かされたのである。会社の悪口、所長の悪口そして「何で俺たちなんだ。何も悪いことはしていないのに……」と嘆いた。

営業開始が三時間も遅れるため、Aは毎晩夜の九時から一〇時頃まで酒販店をめぐった。

それでも午前中、Aたち五人は無言のまま、繰り返される愚痴を聞くしかなかった。午前の三時間は辛かった。しかし、それまで一緒に働き、自分をさんざ立ててくれた先輩たちと別れなければならないのは、本当に辛いとAは思った。

一カ月が経過したとき、二人は示し合わせたように言った。「今日まで俺たちの愚痴を聞いてくれて、本当にありがとう。スッキリした」「去って行く我々は、苦難の道を歩む。だが、君たちも大変だ。去るも地獄、残るも地獄だよ」

九月になり、二人は会社を去る。だが、欠員補充はなく五人で七人分を担当することになり、確かに残るのも地獄となった。

さらにだ。業績低迷が続くアサヒはこの頃、仕手筋から株の買い占めに遭っていた。京都に本部がある医療法人の十全会によってだった。一九八一年当時のアサヒ関係者によれば、「十全会に仕手をやめるよう指導してもらうため、十全会の監督官庁である厚生省（当時）にお願いにも上がった」そうだ。最終的には、十全会が買い占めたアサヒ株一〇%を、住友銀行の頭取だった磯田一郎の仲介により旭化成が八一年一〇月に引き受けて、このいわゆる「十全会株買い占め事件」は決着する。

これにより、旭化成はアサヒビールの筆頭株主となる。旭化成の経営トップは宮崎輝《かがやき》。一九六一年に社長就任、八五年に会長に退くまで二四年間社長を務めた。会長となってからも事実上のトップとして君臨。オーナー系企業の経営者を除けば、大企業のサラリーマン経営者としては異例の長期政権を維持したことで知られる。

当時三〇代後半の営業マンだった元アサヒ幹部は話す。

「将来、アサヒビールでなく、旭化成の〝旭〟ビールになるんじゃないか、などとみんなでビールを飲んで話してました。いや、それ以前に、会社は大丈夫なのか、俺たちは退職金が出るのだろうか、などとも言い合っていた。ただし、飲むと、みんな明るかった。あっけらかんとしていました。ビールは人を元気にする酒なのです」

やってられないといった状況だったが、夜になると営業マンたちはビールを飲んで気勢を上げていたそうだ。

一九八〇年代前半の、日本企業に終身雇用が色濃く残っていた時代、アサヒビールはリストラを行い、営業現場の仕事の負荷は大きくなった。追い打ちをかけるように、仕手からも狙われた。

旭化成の宮崎輝は、〝ドン〟とも呼ばれた男だった。旭化成が筆頭株主になったことで、両社は提携し、人事交流が実施された。だが、このあと宮崎とアサヒビールとの間で、ある攻防が水面下で繰り広げられることとなるが、内容は後述する。

†「社員が幸せになればいいんだよ」

一九八二年（昭和五七年）の年明け、延命の後任も三代続けて住銀から社長がやってくるという情報が、経済誌や新聞の「次期社長予測」記事でまことしやかに流れ始めていた。このとき、本社の第一営業部長に就いていた瀬戸雄三は、「次の社長は、自分たちの先輩であるアサヒのプロパーから選んで欲しい」という趣旨の〝嘆願書〟を、他の部長二人とともに署名捺印して社長の延命に提出したのだ。

シェアは落ち続け、五〇〇人規模のリストラが実行され、さらに仕手による株の買い占めが追い打ちをかけ、社内の雰囲気は暗く淀んでいた。この窮状を打破するためには、銀行出身者ではなく、「ビールを知り、求心力となり得るプロパーが経営トップになるべきだ」との思いが嘆願書には込められていた。自身の出処進退をかけての青年将校三人による決起だった。だが、延命からは何の返答もなかった。

ところが、数日すると京橋本社で会議に出席していた瀬戸宛に、突然電話が入る。相手は、住銀副頭取の村井勉だった。

「話をしたいから、大阪まで来てくれないか」。この夜、大阪の料亭で瀬戸を迎えた村井は言った。「今度は僕が行く（アサヒ社長に就任する）」。

新聞記事などで村井登板を予想していた瀬戸は、特に驚くことはなかったが、その場で、アサヒの窮状に対する思いをありのままに訴えた。村井は静かに聞いていて、帰りの車の中で瀬戸に次のように話した。

「なぁ、瀬戸君。会社の社長なんてものは誰がなってもいいんだ。要は社員が幸せになればいいんだよ」

社員を幸せにするという言葉に瀬戸は感動を覚え、そして思った。

「村井さんは俺たちのことを思ってくれている」

村井は、オイルショックで経営危機に直面した東洋工業（現在のマツダ）を、副社長として再建させたことで知られていた。

一九八二年三月に村井はアサヒの社長に就任する。住銀から派遣された三代目の社長だった。住銀元常務で二代目社長となった延命直松は、同元副頭取で初代社長の高橋吉隆とともに七一年にアサヒに派遣されたが、この二人に課せられたミッションはＧＨＱにより分割されたアサヒとサッポロの合併にあった。しかし、合併は流れてしまう。そのため、村井のミッションは純粋にアサヒを再建させることになった。アサヒを取り巻く環境は変わり、同じ住銀出身でも目的は変わっていた。

村井はまず、現場とのコミュニケーションをとっていく。組合をはじめ、工場や研究所、全国の支社・支店を訪れる。当然ながら現場は活気づく。「社長は雲の上の存在だったのに、今度の村井さんは気さくに現場に足を運び、話をしてくれた。会社の雰囲気はずいぶん変わりました」と、当時の若手は証言していた。

とはいえ、すぐに経営が上向くわけではない。

村井が就任した八二年、アサヒは初めてシェア一〇％を割り込んでしまう。八一年の一〇・一％から九・七％と。〇・四ポイント落としてしまったのだ。

マツダは、ロータリーエンジンというイノベーションにより急成長していたところに、第一次オイルショックという世界規模の〝不測の事態〟が発生。突発的な外部要因により経営危機に陥ってしまった。

これに対しアサヒは、外部環境が急変したわけではないのに、ずるずると経営が悪化していた。多くの問題は内部にあった。家庭用へのシフトの遅れ、サッポロとの合併交渉の相次ぐ頓挫、サントリーへの特約店網の開放、ビール産業を知らない銀行出身者による経営長期化……。

　現場を廻りながら村井は「経営理念」の策定にすぐ着手する。一〇人の部長が入った委員会が中心となり、約四カ月でつくりあげた。「消費者志向」、「品質志向」、「人間性尊重」、「労使協調」、「共存共栄」、「社会的責任」の六項目が柱。同時期に、商品開発を促進するための組織改革も断行する。

　もっとも、経営理念策定や組織改革などは、どこの会社でもやっている。これだけでは会社は変われないし、ましてヒット商品などは生まれはしない。

　村井は公式な組織とは別に、本社の部長クラスが交流できる非公式な〝場〟を設けた。無類の読書家で知られた村井は、本社に在籍していた一〇人ほどの部長らを、当時大田区大森にあった研修センターに終業後集めて「読書会」を月一回のペースで始めたのだ。

　参加したメンバーの一人は、次のように話す。

「読書会というのは名目で、飲んでばかりいました。研修センターの一次会だけでなく、大森駅近くの焼鳥屋に繰り出しては、必ず二次会、三次会を開いていた。村井さんはいつも最後まで付き合ってくれて、時には勘定を持ってくれました。高尚な読書会なんかじゃなかったけれど、それ以前は交流のなかった部長同士が、とことん飲めたのは大きかった。

みんなが何を考えているのか、それぞれの本音がわかったからです」

議論が白熱したり、時には感情的なものになっても、温厚な村井はめったに口を挟まずに部長たちに言いたいことを、自由に言わせていたそうだ。

村井の持論は「ぬかみそと中間管理職は、引っかき回さないとダメ」。本社の部長たちは村井によりかき回されていたのだった。

また、組合書記長だった泉谷直木（後にアサヒビール社長、アサヒグループホールディングス社長）の能力を認め、いきなりCI（コーポレート・アイデンティティ）導入の担当に抜擢した。村井が「CI宣言」を発するのは一九八五年一〇月だった。

アサヒは一九八七年三月発売の「スーパードライ」の大ヒットで、奇跡の復活を遂げていく。「スーパードライ」が世に出て行く助走は、実は村井が社長に就任した八二年から始まっていたのだ。

第三章

独自の方向性で、各社に人気商品誕生

†キリンに立ちふさがる独禁法の壁

戦後のキリンは家庭用中心の戦略により、一般家庭への冷蔵庫普及と相まって、シェアをぐんぐん伸ばしていく。一九六〇年代には旺盛なビール需要の拡大に対応し、複数の新工場建設をはじめ設備投資を積極化させる。

我が国の高度経済成長に比例するように、キリンは急成長を遂げていく。

沖縄が返還された一九七二年にキリンは六〇・一%のシェアを獲得。ついには六割を突き抜ける。この七二年から八五年までの一四年間、キリンのシェア（販売ベース）は常に六割を超えていた。最大は七六年の六三・八％。八六年も五九・九％と、ほぼ六割を維持していたので、圧倒的な首位だった期間は実質的に一五年連続、さらに七一年のシェアも五九・五％あり一六年連続だった、とも捉えられる。

もっとも、この頃のキリンはこれ以上売り上げを伸ばせない状況に陥る。七三年以降、独占禁止法（独禁法）に抵触し、会社が分割される危機に直面したためだった。

キリンは国から助けられたわけではなく、あくまで企業努力により高いシェアを獲得した。なのに、独禁法により身動きがとれなくなってしまう。

「頑張れば必ず勝ってしまう。しかし、勝利は自分たちを分割という名の破滅へとみちびいてしまう」（七〇年代に入社したキリン元幹部）という状況だった。

キリンが六割強、サッポロ二割強、アサヒとサントリーの合計が二割弱という長期にわたるシェア固定化も、このキリンの独禁法という事情が絡んでいた。

仮に独禁法の制約がなければ、キリンのシェアはさらに拡大した可能性は高い。戦費調達を目的にしていたビール税があった戦前、大日本麦酒は、生産量シェア（販売量シェアとほぼ同じ）で七五％を占めた。ただし、大日本は合併により規模を拡大したため、「サ

ビール類市場規模

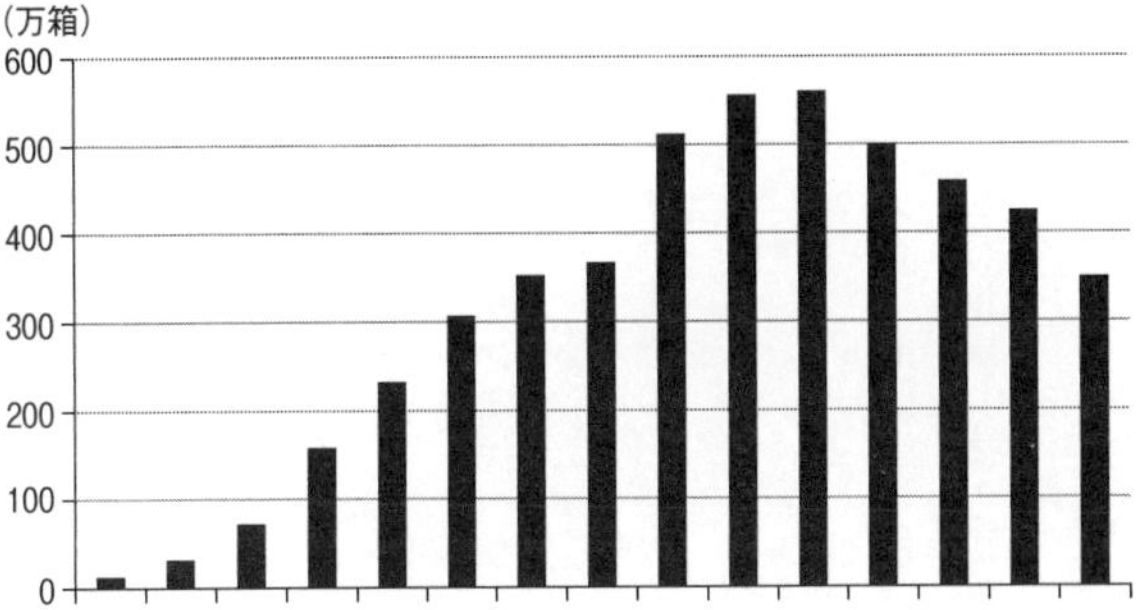

大手４社のビール類合計のシェア推移

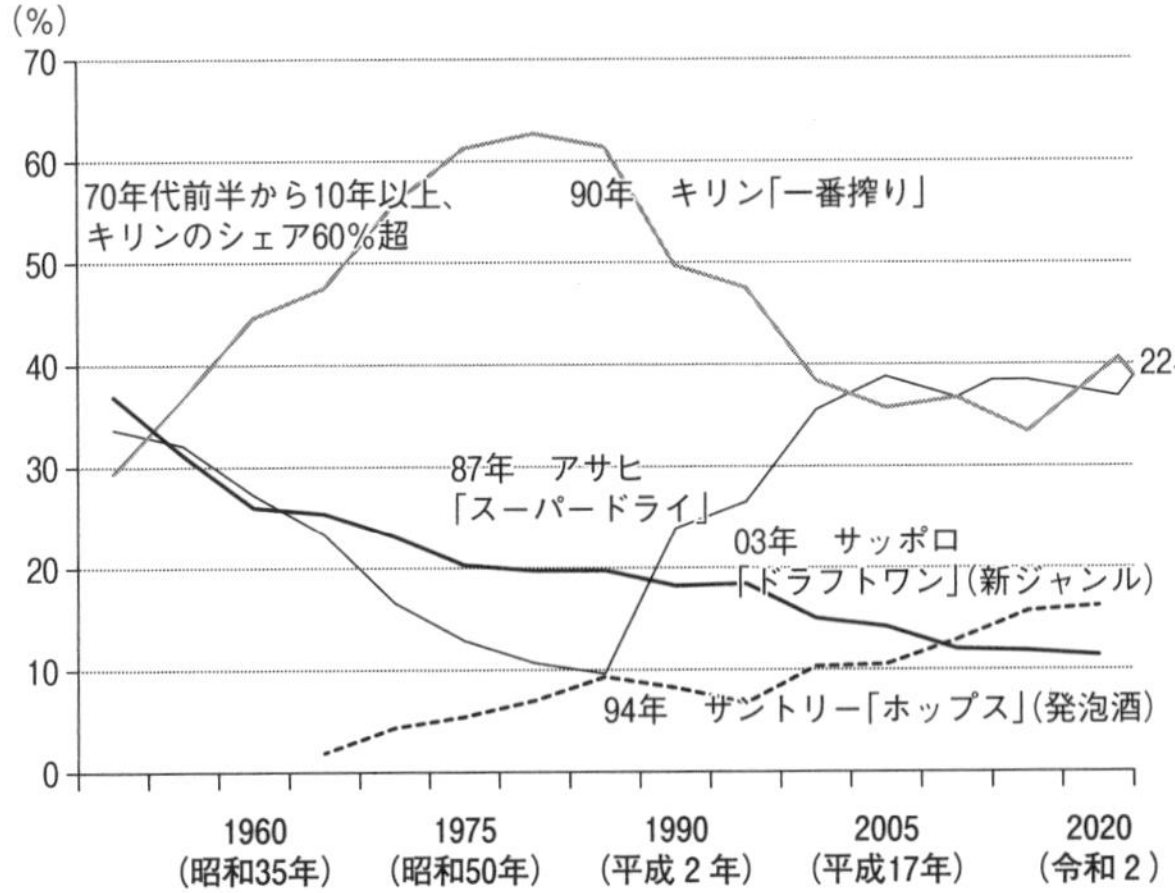

著者の取材に基づく（〜2022年）

ッポロ」、「エビス」、「アサヒ」など、複数のブランドをもっていた。これに対し、戦前に唯一大日本に対抗していた三菱系の麒麟は、戦後も「キリンラガー」一択で六割のシェアを獲得していった。ここに、戦前の大日本と戦後のキリンとの違いがある。キリンが多ブランドを展開していくのは、八〇年代からである。

†ラガーの納入調整

メーカーのキリンに代わり、一部のキリン系特約店（問屋）が酒販店を選別する動きも生まれていく。「ラガー」は供給よりも需要の方が多く、どこかで調整弁が必要だった。九〇年代前半までの、酒販免許が酒販店だけに交付されていた時代、全国に酒販店は約一五万軒あった（ちなみに、現在はコロナ禍前の二〇一八年で三万七〇八六店。この大半は飲食店に酒類を配送する業務用向けをもっている）。有力な飲食店にビールを納めているなどで、売り上げの大きい酒販店には「ラガー」を積極的に納めた。逆に売り上げ規模が小さいところ、あるいは旧大日本との関係が強い酒販店には、「ラガー」の納入を控える形で調整したのである。

「このため、キリンは特定の酒販店からは恨まれていました」（同キリン元幹部）と言う。

いずれにせよ、六割超のシェアを握るキリンの生産計画を中心に、ビール業界は動いていたのである。一四年もの長期にわたってだった。

†定番の強み

それにしてもなぜ、キリンは一九七〇年代前半から八〇年代の半ばまで、六割を超えるシェアを維持し続けられたのか。

八〇年代半ばまでのキリンは、「バドワイザー」をもつアンハイザー・ブッシュ（現在はアンハイザー・ブッシュ・インベブ＝ABインベブ）、オランダのハイネケンとともに、世界でも三指に入るビールの超大手だった。

キリンのシェアのほとんどすべては「ラガー」で占められたが、アサヒの元社長だった樋口廣太郎は社長時代の九一年、筆者に次のように語ったことがある。

「戦後生まれの団塊世代がみんな飲んだから、六割のシェアを維持できたんだ。というのも、団塊世代が初めて飲んだビールが、当時一番売れていたキリンラガーだった」

団塊世代とは、戦後の一九四七年から四九年の三年間に生まれた約八〇〇万人の〝塊〟を指す。団塊世代は人数が多いだけに、小学校の運動会にはじまり、高校および大学受験と、同期の競争が激しかったことで知られる。ただし、幸運だったのは就職環境だった。七三年秋のオイルショックまで、我が国は空前の好景気が続いていた。このため、高卒者も大卒者も、多くは大手企業に入社した。この点は、団塊の子供たちである団塊ジュニア世代が就職氷河期に当たったのとは異なる。出世したかどうかは人によるが、団塊世代のたいていの人は生活に窮するようなことはなかった。

そんな世代が大人になったとき、一番売れているビールは「ラガー」であり、初めて飲んだビールは「ラガー」だった。彼らが「ラガー」を支持した結果、キリンのシェアは六割を超える。さらに、六割超のシェアをキープし続ける。独禁法と隣り合わせのまま。

居酒屋に入り「とりあえずビール」という慣用句は、団塊世代が「ラガー」に対して使い定着していったともいえよう。

団塊世代が愛して育てたのが、ホンダN360であり、ソニー製品であり、キリン「ラガー」だったのだろう。

ビール業界は「ガリバーと三人の小人《こびと》」などと、揶揄されるようになる。

九州の工業高校を卒業して大手自動車会社に七一年に入社したHは、エンジンの排ガス測定工程に配属される。いまと違いマニュアルも教育訓練もない時代で、先輩の背中を見ながら仕事の技を盗んでいったそうだ。

先輩の多くは五、六歳年上の団塊世代。彼らはみな厳しくて、ときにはスパナさえ飛んできて、激しく叱責されたという。「先輩は、スパナをどう投げれば人に当たらないか熟知していました」とHは言うが、仕事中には高い緊張感が要求されていた。ちょっとしたミスが、工場では重大な事故につながるためだった。

しかし、昼は鬼のように厳しい先輩たちも、夜になると必ず飲みに連れていってくれた。すべて奢ってくれて、昼はなぜ怒ったのかを、膝詰めで説明してくれる人もいた。

こうして工場現場の高い技能は伝承されていったのだが、毎晩通う居酒屋のテーブルにあったビールは、なで肩の瓶だったそうだ。

ちなみに、キリンはなで肩の瓶、他の三社はいかり肩（肩張り、とも呼ばれた）の瓶である。また、タカラビールはキリンと同じなで肩瓶だったそうだ。

†強すぎる弊害

もっとも、強すぎる状態が長期に継続したことは、やがて弊害も生んでいく。

新しい挑戦や努力をしなくとも、キリンは勝ってしまうのだ。個人や組織の実力によってではなく、酒販店が一般家庭にビールを配達するという確立した仕組み、そして「ビールならキリン」というある種の〝流れ〟によってだった。

高いシェア、安定した財務という見た目とは裏腹に、会社組織にとって最も重要である「活力」が、いつの間にか喪失されていったのである。

ビール会社のメインの舞台である営業は、本来は売り込むのが仕事である。しかし、キリンの場合、営業活動を本気で行うと、売れてしまい、その結果として会社が分割されてしまう。どこの酒販店も、最も売れている「ラガー」を置きたがった。それゆえ、問屋はキリンの営業マンをお茶やコーヒーでもてなし、「一箱でも多く、ラガーをまわしてください」と嘆願したという。その結果、キリンの営業マンの仕事は、本来あるべき「売り込み」ではなくなっていた。どこの問屋にどのくらいの数を割り当てるかという「調整」、決定した数量の「通達」がその仕事と化していた。

いわゆる「殿様商売」になっていて、顧客との接点となる酒販店や飲食店まで、キリンの営業マンが足を運ぶことはなかった。つまり、営業マンが育ってはいなかったのだ。

ちなみにシェアが六割を超えているだけに、キリンの賃金は旧大日本の二社に比べて、高かったそうだ。

高いシェアに安住するキリンとは逆に、アサヒの営業マンたちは、「どぶ板」を駆けずり回っていた。問屋は言うに及ばず、酒販店、居酒屋や食堂などあらゆる業態の飲食店、映画館、各種劇場、バー、キャバレー、風俗店などなど。ビールが存在するところには必ずアサヒの営業マンが訪れていた。

アサヒは一般家庭から相手にされてなくて、販売量の大半は飲食店などの業務用だった。当時のビール市場は家庭用七割に対して業務用が三割（ちなみにコロナ禍前の二〇一九年は、ビール、発泡酒、新ジャンルのビール類として家庭用七五％弱、業務用二五％強の割合。業務用の大半はビールで占められた）。アサヒはその三割の市場で戦っていたため、売り上げは増えなかった。工場の稼働率は低く、古いビールが流通在庫として滞留していたのである。

そうした状態にあっても、何とかシェアの低下を防がなければならない。そのため、アサヒの営業担当者は酒販店を直接訪問。一般家庭へ配達するキリン「ラガー」の大瓶（六三三ミリリットル入り）が二〇本入ったビールケースから、大瓶一本を抜き取り、アサヒビールに差し替えていた。時には、二本、三本替えたり、大胆にも箱の四隅をアサヒのビールに替える〝辣腕営業マン〟もいた（アサヒ社内では〝四隅作戦〟などと呼んでいた）。

世田谷を担当していた営業マン、平野伸一（七九年入社。後にアサヒビール社長）は四隅を〝冷えたアサヒ〟に替え、軽トラへの積み込みは平野が行い、配達先で店員には「すぐ飲めるように、冷えたのを四本入れておきました」と言ってもらっていた。営業マンは何度も酒屋に通い、互いの人間関係がつくられていたから成立した手法だった。

「酒屋の冠婚葬祭には必ず顔を出せ」。先輩営業マンから助言を受け、若い平野は忠実に従った。特に、通夜と告別式には、アサヒを扱っていない酒屋を含めてすべて参列したそうだ。この頃は地域の酒販組合の力が強く、組合幹部たちは礼服姿で焼香の列に並ぶ平野の姿を、毎回見ていた。「今どきの若者と違い、平野君は感心だ。分け隔てがない。アサヒを扱っておやりなさい」。

土浦を担当していた営業マンは、朝から市内にある〝特別な劇場〟に通った。毎日かぶりつきに座り、最初は立ち売りのオジサンと、次に支配人と親しくなり、販売するビールをアサヒに替えてもらう。「いいよ、ビールは何だっていいから。客はビールを飲みに来ているわけじゃないもの」。

支配人に気に入られて、やがては楽屋に出入りできるようになると、その営業マンは踊り子さんたちのアイドルとなる。アイドルのために、踊り子たちは行きつけの飲食店で、「私、ビールはアサヒしか飲まないの。替えてちょうだい」と言ってくれるようになる。この結果、土浦でのアサヒのシェアは一気に上がったという。

　こうした一騎当千の営業マンが、アサヒにはたくさんいた。

　当時のアサヒの営業部隊には、営業マンが営業活動で集めた飲食店や酒販店に関する詳細なデータがあった。家族構成、経営者の趣味、最終の決定権者（実はお祖母ちゃんという店も）、町内会をはじめ外部との人間関係など。代々の営業担当が脚で稼いで、蓄積された情報であり、門外不出の一方で部門内では共有されていた。

苦境が育てた人とチーム

　後にアサヒビール社長になる荻田《おぎた》伍《ひとし》は一九八二年に、関東支店販売課長になる。関東は、キリンもサッポロも強く、東京と群馬県に工場を持つサントリーも勢力を伸ばしていた。関東は巨大市場ではあるが、アサヒにとっては逆境の地でもあった。

　関東支店のメンバーが顔を揃えるのは、月曜朝の営業会議の時だけ。次の月曜まで、メンバーは担当地域で営業に励む。投宿してである。荻田も現場を廻ったが、毎朝六時になると宿泊先の公衆電話から、部下たちの宿泊先に次々と電話を入れた。巾着袋《きんちゃくぶくろ》に入った大量の十円玉を握りしめながら。

「オイ、元気か？」「アッ、おはようございます……」。それぞれの声色だけで、受話器の向こう側にいる部下の様子を瞬時に摑めた。「困っていることがあるんじゃないか」。営業成果や数字は一切問わない。任せている部下とのコミュニケーションを大切にし、チーム力アップを目指した。

二〇一九年からアサヒビール社長、二三年から同会長を務める塩澤賢一は、一九八一年に入社。アサヒの強い京都支店から八五年、関東支店に異動し、栃木県北部を担当した。京都の時と比べ、どうしても厳しい営業を強いられてしまう。「どうだ、塩澤、大丈夫か……」。荻田は毎朝、課員で一番若い塩澤にも電話を入れてくれた。

「荻田さんの電話に、ずいぶん助けられました。どんなに苦しくとも見ていてくれる上司が、私にはいたのですから」と塩澤は話す。

「シェアは落ちていましたが、四社の中で営業力は一番強かったと思います」（荻田）というのは本当だったろう。苦しい環境は、人もチームも育てていた。

「裕福な家から孝行息子は生まれない」という喩えよろしく、キリンの営業部門とは裏腹だった。

†サントリー営業、洋酒とビールの対応の差

一九六三年、ビール事業に参入したサントリーは、当初は厳しい現実にぶち当たる。圧倒的に強い洋酒ビジネスとは、まるで違っていたのである。『日々に新たに――サントリー百年史』（サントリー株式会社編）には、

「「夜、バーへ売り込みにゆき、人手不足の折からカウンター内に入り、コップなどを洗う手伝いをする者、枚挙にいとまなし」

クリスマス前、新宿にマンモスバー開店。担当者、店の前でオーバーも着ず通行人にビラ配り。開店の案内に声をからす」（ビール営業マンの声から）

ウイスキーでの甘い商売に絶縁状を叩きつけて進出したビール事業だが、現実は厳しかった。市場がすんなりと受け入れてくれないのだ。酒販店への販売ルートは開いてはいたが、実際にはサントリービールを扱ってくれた酒販店は少なく、開拓には苦労した。洋酒営業マンが得意先に行くと、時には食事までご馳走になるが、ビール営業マンだとお茶も出ない、という対応だった。ビラ配りにコップ洗いの悪戦苦闘には、何とか店でサントリ

ービールを扱ってもらおうとする営業マンの必死の思いが込められている」とある。アサヒ社長だった山本爲三郎により、アサヒの特約店網を、サントリーは使うことができた。六三年四月のビール参入時（発売時）には、東京と大阪に中途採用者を含め合計約一〇〇人のビール営業部が設置された。だが、予想しなかった苦戦に直面したため同年六月には、営業以外のセクションから約二〇人が営業現場に投入される。通称「新撰組」と呼ばれたが、「連日、夜半過ぎまで、手には地図、名刺一枚を頼りに、業務店への飛び込み営業を展開した。みな寝食を忘れて頑張った」（前掲書）。四カ月後、新撰組のメンバーはビール営業に組み入れられたそうだ。

†六九年の生論争

キリン、サッポロ、アサヒの三社は明治期にドイツからビールを学んで事業を始めた。三社に対しサントリーは、デンマークのカールスバーグの生ビールを原点にした点が違っていた。

ビール事業参入の準備段階だった一九六一年、この年の五月に第二代社長に就いたばかりの佐治敬三は、九月に記者会見を開き「ビール進出」を発表。直後には、スタッフを伴いドイツやベルギー、デンマークをめぐり、一〇〇種ものビールを次々と試飲する。その結果、辿り着いたのがカールスバーグだった。

「「クリーン・アンド・マイルド」で、「日本に導入すべきビールは、このビールをおいてほかにはあり得ない」と、佐治以下全員が納得するものだった」（同前）という経緯からだった。

参入翌年の六四年にサントリーは、瓶入りの生ビール「びん生」を発売して、生ビール路線へと舵を切っていく。

そして、一九六七年四月に発売したのが「純生」だった。アメリカのNASA（航空宇宙局）が開発したミクロフィルターという特殊な濾紙《ろし》を、ろ過工程に採用した。ミクロフィルターは、ロケット燃料に混入する微細な不純物を取り除くもので、最先端の濾紙を採用したことで、ビールの中の発酵を終えた酵母を取り除くことが可能となった。

低温殺菌する必要はなく、新鮮な生ビールの美味しさを保持しながら、日持ちが可能となった。もっとも、ミクロフィルターを採用しても、工場全体を清潔に保ち、生産ラインから雑菌を閉め出さなければ意味はない。ミクロフィルターという最先端技術を導入したのを機に、生産現場は奮闘。二〇〇〇年代には、ドライ（乾燥）工場を全工場で実現させていく。工場内のフロアや壁、工程を走るパイプを含め、水滴をはじめとする水分を徹底的に除去。これにより、雑菌や微生物の発生を根本から防いでいる。

「純生」は売れる。一九六六年に一・七％だったサントリーのシェアは、「純生」発売の六七年には三・一％に、六八年は四・三％へと上昇していった。

ライバル社も瓶詰めの生に参入する。六八年にアサヒは「本生」を発売し、「純生」発売から一〇年経過した七七年にサッポロは「びん生」(現在の「黒ラベル」)を発売する。

そして六九年には、「生論争」が勃発する。アサヒの「本生」は、低温殺菌(熱処理)していないため、「生きた酵母が入った状態のビール」として出荷されていた。これに対しサントリーの「純生」は、ミクロフィルターでろ過しているため、酵母は入っていない。なので、「生ビールではない」という論争となった。

この「生論争」は、一〇年も続き、七九年に「生」の定義が業界内で合意に達した。公正取引委員会が「生ビール・ドラフトビール」を「熱処理をしないビール」と公示したことで終結した。「生ビールの定義が確定したのは昭和54年である。「生ビール及びドラフトビール＝熱による処理をしないビールでなければ、生ビール又はドラフトビールと表示してはならない」(公正取引委員会告示第60号)。ここでサントリーの主張が全面的に認められたのである」（『日々に新たに――サントリー百年誌』）とある。

サントリーに七一年入社し、ビール営業部門へ配属された田中保徳は、かつて筆者に次のような話をしてくれた。

「ウイスキーの営業マンはパリッとした背広を着て、颯爽と出かけていきました。小脇に書類袋なんか抱えて。これに対して、私たちビールの営業部隊は赤字に白抜きで「サントリー純生」と描かれたド派手なハッピを着て、トラックにビールケースを積んで酒屋さんをまわっていたんです。同じ会社なのに、こうも違うものなのか、と感じてました」

七四年に京大大学院を修了し入社した中谷和夫は、ビール基礎研究部門に配属されていた。この当時、ビール研究部門の技術者たちは、京都の山崎駅前の小粋なスナックで一杯飲むのをならいとしていた。

店に入ると、ウイスキーの研究部門の技術者たちと鉢合わせる。すると決まって「ビールは早く黒字を出せよ」と大きな態度をとられる。若いビールの技術者たちも負けじと、「毎日同じことばかりやっていて、技術屋として恥ずかしくないのか！」などと言い返し、喧嘩となった。だが、どうしてもビール陣営の旗色は悪かったそうだ。

†目指すはシェア一〇%

「シェア一〇%をとれば、黒字化できる」。ビールに新規参入したサントリーの社内では、いつしかこんな指標が取り沙汰されていった。

もちろん、これは一つの目安にしか過ぎない。広告宣伝費や販促費の多寡、設備投資とその償却状況などによっても、損益分岐点は変わる。また、市場のサイズも変化していた。サントリーが参入した一九六三年は、タカラを含めた五社で一億三一九八万箱だったのが、八四年には三億六三五七万箱と、二〇年強で二・七五倍に拡大していった。同じシェア一〇%でも、販売量は三倍近く違うのである。

この間には、六〇年代の高度経済成長ばかりでなく二度にわたるオイルショックにも日本経済は見舞われた。

そもそも、ビールが日本酒（清酒と合成清酒の合算）を抜いて、消費量トップの酒となったのは一九六〇年。池田内閣が「所得倍増計画」を発表した年であり、戦後の高度経済成長と符合するようにビールは消費量を伸ばしていった。

八〇〇万人の塊である団塊世代が飲酒が許される二〇歳になったのは六七年から。この団塊の多くが、日本酒ではなくビールを支持したことは、さらなる消費拡大につながる。

前述したが、キリンは七二年から八五年まで一四年連続して六割超えのシェアを獲得。キリン独擅場の間も消費は拡大しており、七二年の二億六七三八万箱が、八五年には三億六六九五万箱へと、一・三七倍に市場は拡大している。同時に、キリン、サッポロ、アサヒ・サントリーと特約店ごとにシェアは固定化される。

「年に一％ずつシェアを増やせば、一〇年で一〇％になる」。サントリー社内では当初、こんな皮算用があったと、かつての幹部は話す。だが、現実はそうはいかなかった。それでも、八四年にサントリーは八・九％のシェアを獲得。同年のアサヒは九・七％で着地する。シェア差は〇・八％まで縮まった。

†サントリーにアサヒ売却？

そんな三位争いの攻防が繰り広げられていた一九八四年、水面下で、ある動きがあった。それは、アサヒをサントリーに〝身売り〟させようとする動きだった。仲介役は当時の住友銀行だった。

九六年七月、アサヒ会長に退いていた樋口廣太郎は、筆者に次のように話してくれた。

「俺がアサヒビールに来た（八六年）本当の理由は、再建のためじゃないんだ。実はな、幕引きをするために俺はアサヒに乗り込んだんだ。磯田さん（一郎・旧住友銀行元頭取、会長）が、佐治さん（敬三・サントリー元社長）にアサヒの売却を申し入れたんだが、話がまとまらなかった。もはや万策尽きて、磯田さんは俺を幕引き役としてアサヒに送り込んだ。これが真相だ」

樋口はいつも、重要な話を平然と話す。しかも、快活に、明るく、楽しそうに。気がつけば、樋口が放つ強烈なオーラに巻き込まれている自分を発見することが、一度や二度ではなかった。さらに、樋口は「大新聞の記者だから」などと、所属や知名度などで記者を差別しない経営者だった。

それはともかく、樋口の後を受けて九二年九月から九九年一月までアサヒ社長を務めたプロパーの瀬戸雄三は、相談役だった〇二年四月二日の筆者の取材で、幕引きの事実について「そうした事実はあったでしょう」と認めている。

樋口自身が日本経済新聞に連載執筆していた「私の履歴書」によれば、八四年半ばに、「磯田一郎会長がサントリーの当時社長だった佐治敬三さんに業務提携の話を持ちかけた。佐治さんは「水に落ちた犬に棒を差し出すのは無謀だ」とたとえ話をして、やんわりとこ

とわったそうだ」（二〇〇一年一月三日付）

とあるが、現実は業務提携などではなく、救済合併の申し入れだった。

アサヒにとって、サッポロとの合併は何度となく失敗していた。六割を超えるシェアのキリンは、独禁法によって、シェアアップにつながるアサヒ引き受けなど、とてもではないができない。優良な財務体質を背景に、資金は潤沢にあっても、だ。

八五年二月には大日本麦酒以来の吾妻橋工場（東京都墨田区）を閉鎖して、その土地を墨田区に売却（その後、半分買い戻して本社ビルを建設）。群馬県東部の邑楽町《おうらまち》に一〇年以上にわたり所有していた広大な新工場建設用地を富士通系の子会社に売ってしまうなど、資産の切り売りを急いでいた。

自主再建の切り札として送り込んだ東洋工業（現マツダ）再建の功労者である村井をもってしても、アサヒのシェアは伸びるどころか、落ち込んでいた。本社の部長級を集めた読書会やCI導入に着手するなど、村井改革は進んでいたものの、結果はまだ出てはいなかった。そもそもは、サッポロとの合併を目的にアサヒのメインバンクとなった住銀だったが、もはやアサヒを清算するしか選択の余地はなくなっていた。

†阪神優勝！

そして運命となる八五年。そのままの流れで行けば、サントリーは三位に浮上し、アサヒは四位に沈む可能性があった。ところが、予期せぬことは起こるものである。

突然、アサヒに〝神風〟が吹いたのだ。

それは、八五年四月一七日の夜、阪神甲子園球場で、だった。巨人軍のエース槙原投手から、阪神の三番・バース、四番・掛布、五番・岡田がバックスクリーンへ三連続ホームランを放ったのである。クリーンアップによる単純な三連発というだけではなく、バックスクリーンへ三本連続で放り込んだのだった。

甲子園球場では当時、ビールはアサヒしか販売していなかった。バックスクリーン三連発で勢いを得た阪神は、シーズンを激走。二一年ぶりにセントラル・リーグ優勝、さらに日本シリーズでも西武を破り日本一を果たす。

満員の甲子園球場では連日、アサヒビールが大いに売れた。さらに、球場外でも「ガンバレ！　阪神タイガース」という缶ビールをアサヒは古くから独占的に売っていたが、八五年はそれまでの低迷したシーズンのほぼ四倍は売れたそうだ。

「八五年はアサヒに神様が降りた、といまでも思います。阪神優勝を誰が想像したでしょう。どんな状況でも一生懸命やっていれば、いいことは必ず起こるものなのです。だから、決して諦めてはいけません」（当時の営業幹部）

阪神が西武に勝った同年一一月、サントリー社長の佐治敬三は、ビール部門の社員たちに対し次の指令を発していた。

「来年でいいやろう。今年は無理をすることはない」

八五年のシェアは、サントリーが前年より〇・四ポイント上げて九・三％、アサヒは同〇・一ポイント落として九・六％で終わる。シェア差は〇・三ポイントと、〝ほぼ並走〟の状態。販売量はアサヒの三五〇五万二〇〇〇箱に対しサントリー三四二六万箱と、僅か七九万二〇〇〇箱の差だった。

佐治がその気になれば、忘年会やクリスマスなどの需要期にかけて八〇万箱ほどを売り伸ばすことは、それほど難しくはなかったろう。なのに、無理をさせなかったのは、磯田からの〝依頼〟を断ったことが要因だったろう。住銀との交渉を通し、アサヒの経営が危機的な状況にあることを、佐治は知っていた。

サントリー技術部門の当時三〇代だった幹部は裏事情を知らないため、指令に対し「抜けるときには、しっかりと抜くべきではないか」と素直に思った。

ビジネスは、勝負の世界なので、「もしもあのとき」は禁句であるが、敢えて〝If〟を使うなら……。もしサントリーが年末にかけて八〇万箱を出荷していたなら、四位に転落したアサヒは二度と立ち直れなかった可能性は高い。現実に、「八五年に、最下位に落ちていたなら、アサヒは終わっていました」と、当時の幹部たちは一様に口を揃える。営業現場は疲弊し、限界域に達していたのだ。

それでも何とか、最下位転落を〝首の皮一枚〟で凌いだが、阪神優勝という奇跡は、二年後の、もう一つの奇跡への架け橋となっていく。

†若い愛飲者が求める軽快なビール

村井の読書会の産物の一つに、大規模な消費者嗜好調査があった。読書会で「原点に返り、お客様がほんとうにもとめているビールを知ろう」との意見が出たことから、一九八五年秋に東京と大阪で約五〇〇〇人に試飲してもらい同調査を実施した。

ちょうどCI計画が進み、ビールの味とラベルを変更しようとする動きが生まれていた。八五年の年初には味を見直すためのプロジェクトチームが発足。こうしたなかでの調査だったが、資金に余裕のなかったアサヒは、社員が酒屋の店頭に立って、道行く人々を対象に自分たちで行った。

調査してみてわかった仮説は、「ビール愛飲者の多くは、軽快で飲みやすいタイプのビールを求めている。その傾向は二〇代や三〇代で顕著」というものだった。背景には、日本人の食生活の変化がある。一世帯あたりの油脂の購入量は、一九六〇年から八〇年までの二〇年間で、ほぼ二倍に跳ね上がっていた。洋食化が進み、ハンバーグやステーキといった脂っぽい料理が好まれるようになっていたのだ。

「将来的にも、脂分の多い食事を損なわない、サラッとした飲み飽きのしないビールが求められていた。具体的にはバドワイザーに代表されるアメリカンタイプです。ところが、日本は明治時代からずっと苦みの強いビールばかりでした」（当時のアサヒ幹部）。

日本のビール産業は、前述したとおり明治期にドイツから技術を学びスタートした。ドイツのビールは麦芽一〇〇％で、重厚な味わいが特徴。アサヒを含め日本のビール会社には、ドイツタイプの重めのビールへの志向が強く、調査でわかった消費者の嗜好とは、どうやらズレがあった。

調査を元に、アサヒは八六年二月一九日、生ビール「アサヒ生ビール」（通称「マルエフ」あるいは「コク・キレ」）を発売する。「マルエフ」は、従来のアサヒ生ビールを大幅にリニューアルしたもので、新しい酵母を採用した上、高品質なアロマホップや厳選した麦芽を使用した。「コクとキレ」をあわせ持つのが特徴だった。一月に導入されたＣＩにより、ラベルに新しいロゴマークを使う第一弾でもあった。

年が明けた八六年、住銀副頭取を務めていた樋口廣太郎がアサヒに顧問で入る。一連の改革を主導した村井は、三月に社長を樋口に譲って会長に退いた。「マルエフ」が発売された直後であり、村井の社長在任は四年間だった。

創業から九七年目にあたる年に発売された「マルエフ」は、場合によって最後の反撃となっても不思議はなかった。

果たして、五〇〇〇人に及ぶ試飲調査の甲斐あって、「マルエフ」は売れていく。ＣＭにはプロゴルファーの青木功とジャンボ尾崎を起用。「コクがあるのにキレがある」というコピーも受け、八六年にアサヒは販売量を前年比一二・〇％も伸ばす。実数では四一八万六〇〇〇箱プラスの三九二四万八〇〇〇箱。この結果、八六年のシェアは一〇・一％となり、アサヒは五年ぶりにシェア二桁に浮上する。

†サントリー「モルツ」、キリン「ハートランド」

八五年末に、無理な販売攻勢をかけなかったサントリー。翌八六年三月四日に、麦芽一〇〇%の生ビール「モルツ」を、プレミアム価格ではなく通常価格で発売した。

もともとサントリーは、デンマークタイプのクリーミーなビールを目指して六三年にビールに参入したのだが、「モルツ」により、ビールの方向性を大きく転換。四社のなかでは最もドイツタイプ志向へと舵を切る。「モルツ」は年末までに一八四万九〇〇〇箱を売った。新製品が初年度に一〇〇万箱以上も売れたのは「モルツ」が初めてであり、新製品としての初年度販売新記録となった。

八六年のサントリーの実績は、前年比四・三%増。実数では一四七万箱増やし三五七三万箱。シェアは九・二%で着地する。八五年に七九万二〇〇〇箱だったアサヒとサントリーとの販売箱数の差は、八六年には三五一万八〇〇〇箱に開く。

キリンも、八六年秋に麦芽一〇〇%の生ビール「ハートランド」を発売した。グリーンの専用ボトル（五〇〇ミリリットル）で、「キリン」のロゴも、聖獣「麒麟」のイラストもない。しかも、キリンは八六年一〇月から九〇年一二月までの期間限定で、現在は六本木ヒルズが建つその予定地に、「ビアホール・ハートランド」をオープンさせた。

ビール「ハートランド」は、このビアホールでのみ供されるハウスビールとして、当初は商品化された。ビアホール・ハートランドもキリンの看板を掲げていなかったため、キリンの直営店とは知らずに来場する向きが大半だった。

ビール「ハートランド」を実質的に開発し、ビアホールもゼロから企画して立ち上げた前田仁《ひとし》は、ビアホールの初代店長を務めた。一九五〇年二月生まれで、学年が四九年度なので団塊世代に属する前田は、このとき三六歳。

前田の上司であるマーケティング部長の桑原通徳が後ろ盾となり、ビールとビアホールとをセットにしたハートランドプロジェクトは実行された。

もっとも、「ハートランドプロジェクトの本当の目的は、主力商品のラガーをたたきつぶすことにありました。数人しか知らない極秘でした」と、当時の関係者は明かす。

量を追う「ラガー」に対抗して、「ハートランド」は質を追った。全国にいる不特定多数の消費者に対してではなく、都会に住み時代を先取りする一部のファンだけをターゲットにした。

さらに、看板商品「ラガー」の人気に安住し、変化を拒むキリンの体質そのものを変えることを、前田は狙った。繁栄が永劫に続かないことは、桑原も前田も分かりきっていた。

そもそも、商品化のための消費者調査では、アサヒのように不特定多数を追わなかった（資金が豊富なキリンは、社員による街頭でのアンケート調査もしていない）。大学教授やアーティスト、編集者といった「時代を先取りできる人々」だけに絞ったアンケートを行っていた。

ビアホール・ハートランドは伝説的なビアホールだった。蔦《つた》の絡まる大正時代からの洋館「つた館」（客席数・一四二）と、ニッカウヰスキーが使っていた原酒貯蔵庫跡「穴ぐら」（客席数・五四）で構成。前衛的な音楽や演劇、舞踏などのライブイベントが定期的に行われ、アート作品が常時展示されていた。ニューヨークやロンドンにも情報発信される、洗練と先端とが織りなすイベントがもたれた建物空間だった。

ビアホール・ハートランドは、営業期間の四年二カ月で、来店者が実に五六万人を数える。「ここだけ」のハウスビールを飲みながら、「先端」の文化と芸術に触れることのできるビアホールだった。六本木ヒルズ建設という再開発計画事業により、絶頂のままビアホール・ハートランドは閉店した。

ビアホールに人が溢れたため、ビール「ハートランド」は、八七年四月に全国発売されてしまう。缶ビールとして、だった。特定の人々にだけ向けたハウスビールだっただけに、マーケット部に所属する開発者の前田は反対した。「量」ではなく「質」を追う商品のコンセプトが、根底から崩れてしまう。だが、社内で巨大な力を持つ営業部門により、缶ビールとしての全国発売は実行された。

キリンの「ハートランド」は、麦芽一〇〇%ビールなのに、いわゆるドライタイプだった（この頃にはまだドライという表現はなかったが）。後に詳述するが、仕込みで得た糖の多く（九割以上）を酵母が食べて、発酵度を高くする（アルコールと炭酸ガスへの変換を多くし、糖などのエキスを残さない）。このため、麦芽一〇〇%なのに飲みやすいビールになる。世界のビールと比較しても、高度な醸造技術が発揮されていたのである。

†サッポロ「エーデルピルス」

八七年四月だが、サッポロは麦芽一〇〇%の生ビール「エーデルピルス」を発売する。ライバル社と同様にサッポロも毎年、複数の新製品を投入するが、その大半は終売していく。しかし、この「エーデルピルス」だけは現在でも販売していて、いまもビアホール「銀座ライオン」の各店舗などで飲むことができる。

一説には、あまりにもできが良かったため、「せめて社員が飲む分だけは造り続けよう」と、試醸用のミニブルワリー（小さな醸造施設）で醸造を継続させた、とのことだ。

あくまで筆者個人の感想だが、「エーデルピルス」は、我が国ビール産業が生んだ最高級傑作の一つ、といっていい。ふんだんに使われているホップの湧き立つような香り、そして最初にグラスに口をつけて飲んだときの絶妙なバランス感。麦芽一〇〇%が醸し出す、特有の芳醇さがベースにある。つまみなど必要とせず、グラスの一杯だけで飲酒する時間を楽しめる逸品である。

サッポロの資料によれば、市場調査は一切せずに、技術者のこだわりだけでつくったそうだ。ホップは、チェコはザーツ産のファインアロマだけを使用し、使用量は通常のビールの三倍。

「エーデルピルス」とは「高貴なピルス（ピルスナータイプのビール）」という意味を持ち、商標権はミュンヘン工科大学が所有していた。サッポロの技術者は同大学に商標使用の許可を求め、十数人の教授たちが試飲していずれも高く評価した。その結果、ブランドの使用が許諾されたという経緯があった。

†サントリーのプレミアム路線

サントリーの「モルツ」は通常価格帯で発売したが、八九年にプレミアムタイプのモルツ「モルツスーパープレミアム」をつくる。当時の武蔵野ブルワリー（現在はサントリー〈天然水のビール工場〉東京・武蔵野）内のミニブルワリー（一回の仕込み容量は五キロリットル。通常の約二〇分の一）にて、試醸されたうちの一つだった。樽だけの限定品で、一部の飲食店でのみ供された。

「モルツスーパープレミアム」から二〇〇三年に「ザ・プレミアム・モルツ（プレモル）」と商品名を変え、サントリーは〇五年から本格的に注力。現在の高級（プレミアム）ビール市場をプレモルは築く。

バブルが始まる前後に当たる八六年から八七年にかけて、「モルツ」、「ハートランド」、「エーデルピルス」と、日本のビール産業は麦芽一〇〇％の名品を世に出した。

まったく違う方向を打ち出したのは「マルエフ」のアサヒだけだった。だが、そんな一九八六年、アサヒ社内ではもう一つの開発プロジェクトが動いていた。開発コードネームは「FX」。それが「スーパードライ」である。

第四章

ビール市場の転換点

†アサヒビールの樋口社長

自身の言葉によれば、「幕引き役」として旧住銀からアサヒにやって来た樋口廣太郎。八六年の年明けに顧問で入り、「マルエフ」がリニューアル発売された一カ月後に、樋口は村井に代わって社長に就く。だが、当初からアサヒ再建に並々ならぬ闘志を抱いていたのも事実だった。

アサヒに赴任したばかりのとき、関西にある工場を樋口はお忍びで訪ねたことがある。

抜き打ちで偵察した、という表現の方が正しいのかも知れない。

そのときのことだった。午後五時を前にした就業中だというのに、従業員が二人、正門から出てくると、道路の反対側に座り缶ビールを飲み始める。しかも、そのビールはキリンではないか。飲み終えると、一人が「アサヒビールのバカヤロー！」と叫び、缶を工場の敷地に投げ込んだ。

「大変な会社に来てしまった……」。この時には、少なからぬ衝撃を樋口は覚えた。それでも、ボロボロになっていたアサヒの再建に、正面から取り組んでいく。

社長就任早々、二カ月間で全国の問屋を訪問する一方、夜になると都内の酒販店や飲食店を毎晩二〇軒ほど回って歩いた。

「このたび、アサヒビールの社長になりました樋口廣太郎でございます」

京都の商家に生まれ育った樋口は、小さな体軀が真っ二つに折れるほど深々と頭を下げる。支店の営業マンさえ顔を見せたことのないキリンと違い、アサヒは経営トップがやって来た。来訪を受けた酒販店の店主は腰が抜けるほど驚き、アサヒのファンになった。

ただし、社内では頻繁に〝雷〟を落とした。ある工場を訪問したときのこと。工場内を見て回った最後に、説明役で同行していた工場長に、「何か、この工場で問題はあるか」

と質問した。工場長は笑顔で「はい社長、何も問題はありません」と答えた。

するとと樋口は、それまでの柔和な表情を一変させ、ドスの利いた声で次のように言った。

「君、すぐに辞表を書きなさい。問題を把握できていない人間が、工場のトップにいることが問題だ。明日、会社を辞めろ」

役員会では、プロパーの役員たちに対してだけではなく、住友銀行の大先輩である会長の村井に対しても声を荒らげることがあったそうだ（ただし、「役員会が終わると、何事もなかったように二人は談笑を始めていた」という元役員の証言はある）。

このほかにも、利用率が低かった大日本麦酒時代からの倉庫を、「パチンコ店に衣替えする」と突然に言い出して、プロパーの幹部たちから説得されて翻意したこともあった。

樋口は、名門企業に巣くっていた前例やらしがらみやらを、徹底して排除していこうと動く。何しろ、時間はなかった。短期間に成果を上げなければ、自身の手で〝幕引き〟をしなければならなくなる。

†コードネーム「FX」

温厚な紳士の村井から、強烈な樋口へとバトンが引き継がれたのと同じ時期。

「スーパードライ」は、コードネーム「FX」として、「マルエフ（コク・キレ）」がリニューアル発売される三日前の八六年二月一六日から開発が始まった。FXとは自衛隊の当時の次期支援戦闘機「FSX」から引っ張ったもの。

「（FXは）正式な開発着手以前に、マルエフと並行する形で八五年から酵母の研究をしていました。さらに申せば、村井さんが社長に就任した八二年まで、遡る必要がありま す」と、アサヒの技術部門や営業部門の元幹部たちは口を揃えた。

それはともかく、「FXはマルエフよりも、さらに味をクリアーにして、二〇代、三〇代に絞り込む」「味覚がさらりとして、後味がスッキリして、二〇代、三〇代が飲み飽きない辛口のビール」などと、コンセプトがつくられていった。「マルエフ」からさらに進んで、「キレのある」理想的な味を追求した。それが、FXの目指すビールだった。

もっとも、大日本麦酒の流れを汲むアサヒだが、技術者たちはライバル三社と同様にドイツタイプの重厚な味わいのビールを志向していた。このため、苦みの少ない、軽快な味わいのビール開発には、どうしても否定的だった。

「FX」が目指していたのは、「バドワイザー」に代表される、アメリカンタイプの飲みやすいビールだった、といえる。

当時、技術開発部長だった薄葉久《うすばひさし》は、技術陣に次のように話した。

「ビールには二つのタイプがある。「毎日飲みたくなるビール」と、特別な日に飲みたくなる「思い出すビール」だ。どちらのタイプも、人々の生活には欠かせない。だが、今回アサヒは前者を選択する」

技術者たちの反応は鈍かった。だが、会社は最悪期を迎えていて、失うものなど何もなかった。新たな挑戦に、技術者たちは渋りながらも応じていった。

†ビール醸造の四工程

ここで、「コク」や「キレ」、そして「ドライ」などについて、ビールを造る工程から説明する。

ビールは使用する原材料の種類や量、酵母との組み合わせにより、同じ淡色系のピルスナータイプであっても多様に香味を創出できる。とくに日本のビール四社の醸造技術は世界でもトップクラスであり、さまざまな新商品を世に送り出してきた。

ビールは「仕込み」「発酵」「貯蔵（熟成）」「ろ過」という大きくは四つの工程を経て造られる。

「仕込み」ではまず麦芽（大麦を発芽させた後、乾燥させて根を切除したもの）と米やコーンなどの副原料を粉砕し、お湯に浸す。すると、麦芽の中の酵素の働きにより、麦芽と副原料のデンプンが糖に変わり、やがてお粥状の甘い液（もろみ）が得られる。これが糖化であり、もろみはろ過されて麦汁を得る。

ちなみに、ろ過されて最初に流れ出たものを「第一麦汁（一番搾り麦汁）」と呼ぶ。その後、もろみに再度お湯をかけ、ろ過したものが「第二麦汁（二番搾り麦汁）」。通常二つの麦汁は一緒に釜で煮沸され、ホップが加えられて、仕込み工程は終わる。

仕込み工程で重要なのは温度と時間だ。デンプンは糖が鎖のようにつながった構造をしていて、酵素はこの鎖を切る「ハサミ」として作用する。酵素のはたらきは温度に依存し、時間との組み合わせにより糖化の程度が決まっていく。酵素により鎖がたくさん切られると、糖の多い（糖化率の高い）麦汁となる。

次の工程は「発酵」。仕込み工程で得た麦汁に、酵母を加えて発酵させる。真核生物である酵母は麦汁中の糖を食べ、アルコールと炭酸ガスを生成する。

ドライビールの場合、麦汁中の糖の九割以上を酵母が食べる。そのため「仕込み」ではできるだけ糖が多くなるように、時間をかけて糖化を徹底し、「発酵」では、たくさん糖を食べる食いしん坊の（発酵力の強い）酵母を使う。そうしてアルコール度数もガス圧も高くなった結果「キレがある」ビールに仕上がる。キレとはのどごしをもって評価されるものであるため、呑み込む際の鼻を抜ける香りも影響する。こうしてできあがったドライビールは爽快な味わいであり、肉料理などの脂分の多い食事に合う。食前酒としても食中酒としても飲め、アメリカンタイプのビールと位置づけられよう。

一方、米などの副原料を使わない麦芽一〇〇％のドイツタイプのビールは「コクがある」と表現される。発酵を抑えて麦芽の旨みを残す。仕込みでも糖化を徹底せずに、麦芽のエキス分を残す。発酵で酵母が食べる糖の割合は六割から七割。芳醇な味わいが特徴で、食事に合わせるよりも、ビールだけで楽しむのに向いている。

一九世紀に作られたサッポロの「ヱビス」、麦芽一〇〇％ではないがキリン「ラガー」もドイツタイプの重厚な味わいに設計されていた。

ドライであれ麦芽一〇〇％であれ、一九八〇年代当時はほとんどが「下面発酵」。下面発酵は、第一章で触れたように、発酵を終えた酵母がタンクの下に沈む方式。麦汁を五℃程度に冷却して酵母を投入して七、八日ほどで麦汁中の糖はアルコールと炭酸ガスに分解される。

こうして得られた「若ビール」は貯酒タンクに移されて、〇℃くらいの低温でゆっくりと熟成される。その後、ろ過されて、最終的には缶や瓶に充塡される。麦芽をつくる製麦まで含めれば、二〜三カ月を要する。

†八七年の事業方針説明会

「スーパードライ」のドライは、ワインやリキュールで使用する「スイート」（甘口）に対する「ドライ」（辛口）を、そのまま使ったもの。「ドライ」はアサヒが独自に考えた言葉だった。

「FX」は、中身の開発は進んでいたものの、経営会議で発売が三回連続で却下される。八六年六月に一度は樋口が認めていたのに、「マルエフ」が好調を維持していたため自社商品同士で競合するカニバリゼーション（共食い）の心配があり、反対する声がとりわけ営業部門から発せられていたのだ。「久々にヒットしたのに、足を引っ張っていいのか」ということだった。

一一月の経営会議で社長の樋口が後押しし、なんとか発売が認められる。ただし、「首都圏限定の年末までに一〇〇万箱」という条件がつけられた。

我が国ビール産業の転換点となる一九八七年が明けた。アサヒビールは一月、問屋への事業方針説明会を東京都港区の新高輪プリンスホテルで開催した。マーケティング部のスタッフたちは、社長の樋口が読む原稿を用意していた。

「今年は（リニューアルした）アサヒ生ビール（マルエフ）を徹底して売る」がメインで、最後に「新製品のスーパードライを首都圏で発売する」と軽く付け足す内容だった。

ところがだ。壇上に登った樋口はいきなり、次のように発した。

「今年は、スーパードライを新発売します。かつてない辛口ビールです」

事前の原稿を無視して、明るい口調だった。

樋口は人前で話すのが上手い。バンカーというよりも噺家のような小気味よいリズムで、時折ユーモアを交えながら、表情豊かに話す。気がつけば、聴衆は樋口のペースに巻き込まれている。

案の定、会場は熱気を帯びた。「販売するのは首都圏だけなのか」「全国発売して欲しい」と、問屋は興奮し新商品を売ろうと本気になっていく。

当時この場にいたアサヒの幹部は、「突然、まったく違う内容で話したのは、樋口さんの感性だったのでは。瞬間的に、スーパードライは売れる、と感じるものがあったのでしょう」と振り返る。

迎えた三月一七日、「スーパードライ」は発売された。販売地域は首都圏である一都三県のほか、群馬、栃木、茨城の北関東三県も加わった。首都圏限定は、関東限定としてスタートする。

†スーパードライが獲得した新規ユーザー

「スーパードライは脅威です！　早く対策を打たないと、大変なことになります」

キリン本社で、太田恵理子は訴えた。東京大学文学部を卒業した入社五年目の彼女は、マーケティング部に所属してハートランドプロジェクトのメンバーだったが、リサーチ業務も兼務していた。

「スーパードライ」が発売された直後の、一九八七年四月上旬のことだった。定期的に実施している消費者調査から、「スーパードライ」が、とんでもない商品ということを見抜いたのである。

ところが、キリン本社の男性社員たちは、太田の意見を聞こうともしなかった。

「スーパードライなんてたいしたことない。関東だけの限定販売だろ」「アサヒは潰れそうな会社だ」「新製品が多少売れても、工場を閉鎖しているから増産ができない」……。

圧倒的に高いシェアに慣れきっていたキリンには、危機感など微塵もなかった。前年の八六年にアサヒ「マルエフ」やサントリー「モルツ」のヒットにより、一四年続いたシェア六割超はついに途絶えたものの、同年のキリンのシェアは五九・九％。その気になれば、六割超復活など造作もないことに思えた。現実に、八六年のキリンの販売数量は前年比で三・四ポイント増えていた。実数では七五六万箱増えたわけで、この数字は「スーパードライ」の販売計画の七倍以上に当たる。

そもそも、「スーパードライ」が目指していた一〇〇万箱は、八六年のビール市場において〇・二六％にしか過ぎなかった。

キリンにとっての懸念材料は、かつてビール事業から撤退した宝酒造が巻き起こしたチューハイブームだったのかもしれない。いや、それ以前に、チューハイブームはあったにせよ、ビールそのものの伸びが七九年頃から鈍化していて、成熟化していたことだったとも言える。

大量生産・大量販売の限界性を、一部の幹部が認識していて、量ではなく質を追求して、新しい価値を創出しようと狙ってハートトランドプロジェクトは動いていた。

それはともかく、太田は訴えた。

「女性がスーパードライを飲み始めた。だから、驚異なんです！」

消費者調査のグループインタビューから、「ビールを飲まなかった妻が、スーパードライは苦くないから飲めると言っている。これまで一人で晩酌してきたが、いまは夫婦でスーパードライを楽しんでいる」「自分はラガーが好きだけど、家内がスーパードライに変えた」、といった声を拾っていたのだった。

「男は黙ってサッポロビール」というコピーがあったように、それまでビールとは主に男性の飲み物（酒）だった。ところが、スーパードライは女性という新規ユーザーを取り込み始めている実態を、太田はつかんだのだった。

†「スーパードライ」ブーム

ではどうして、女性が「スーパードライ」を飲むようになったのか。

「アサヒの営業マンが酒屋さんでやっていた、ラガーをスーパードライにすり替える作戦が、そのきっかけでした」

と、太田は証言する。

前述したが、アサヒの営業マンは日常的に酒販店を訪問。酒販店が各家庭に配達するキリン「ラガー」の大瓶（六三三ミリリットル）あるいは中瓶（五〇〇ミリリットル）が二〇本入ったビールケースから、一本を抜き取りアサヒビールに差し替えていた。

なかには、二本、三本、四隅の四本を替える〝辣腕〟もいた。替えるビールが、「マルエフ」から「スーパードライ」に代わり、変化が起こる。

替えられた「スーパードライ」をたまたま飲んだ主婦が、「このビールは飲める。美味しい」と感じ、友達の主婦に伝える。SNS（ソーシャル・ネットワーク・サービス）はもちろん、インターネットも携帯電話もなかった時代であり、口コミにより評判は広がる。「スーパードライ」大ブームは、世田谷区と杉並区の主婦から始まったとされている。繰り返すが、「それまでビールを飲まなかった女性が、スーパードライを飲み始めた」。これは、あまりに大きすぎる変化だった。

そして、アサヒ営業部隊による、どぶ板を一枚一枚踏んで駆けずり回るような泥臭い営業が、大ヒットを導いたのだった。

一方、豊富に資金を動かせたキリンは、定期的な消費者調査から、おそらくはアサヒよりも早く「スーパードライ」の大化けを予測できていた。なのに、繁栄に慣れていたキリンはせっかくの予測を黙殺してしまう。

キリンの営業マンが問屋に赴き、コーヒーをご馳走になっているときに一言、「酒屋さんに対し、アサヒさんがやっているビールの差し替えを、やめるように言ってください」とでも伝えていたなら、まったく違う展開になっていたかもしれなかった。

†スーパードライを指名買い

アサヒは関東だけだった「スーパードライ」の販売エリアを、四月に入ると甲信越、中部、そして四月二二日には関西まで広げていく。決断したのは社長の樋口。電光石火で増産し、五月一九日には沖縄を除く全国発売に切り替えた（沖縄も七月一〇日には発売）。

「スーパードライ」は、スッキリとした味が受けて発売から二週間で二〇万箱が売れ、四月末までの約六週間で七〇万箱の売り上げを記録。

当初の販売計画「一二月までに一〇〇万箱」は、五月下旬には「四〇〇万箱」に上方修正され、その後も何度も上方修正を行っていく。

現在、湖池屋社長を務めている佐藤章は、八二年にキリンに入社。営業部に配属され群馬県を担当。八七年四月、東武伊勢崎線・太田駅南口にある酒販店の店頭にいた。

太田駅の南側には、北関東でも有数の歓楽街が広がる。市内には自動車会社のスバルとそのサプライヤー（部品メーカー）が集積する典型的な企業城下町であり、サラリーマンが多く住む地方都市だった。

「ドライある？」。客はみな指名買いしていく。佐藤が隣の冷蔵庫に詰め込んだ缶の「ラガー」は、見向きもされない。

店主は言った。

「最初は、ポツポツだったんだよ。それが三週間もするとすごく出るようになった。瓶より缶が出るな」

佐藤は馴染みである店主に、頭を垂れてお願いする。

「このまま負けるわけにはいきません。売場にキリンの商品をもっと置かせてくださ い！」

店主は申し訳なさそうな表情を一瞬だけ見せたが、きっぱりと言った。

「だけどサッチャンなぁ、（スーパードライを）客が勝手にとっていくんだよ……」

この時佐藤は初めて、ライバル社にやられる悔しさを抱く。だが同時に、「こいつは大変なことになりそうだ」と、素直に感じていた。

何しろ客が指名買いしていくのだ。「ビールください」ではなく、「スーパードライをください」と変わったのである。

我が国のビールの歴史のなかで、客がブランドを指名して購入するのは「スーパードライ」が最初だったと言えよう。

✝市場拡大をもたらした新商品

「スーパードライ」の人気は沸騰し、需要に供給が追いつかなくなる。一九八五年二月に吾妻橋工場を閉鎖し、工場リストラを実行した後での大ヒットだった。しかも、八七年に六つあった工場はいずれも老朽化していて、思うような増産ができなかったのだ。やがて、「社員はスーパードライを飲んではならない」という〝御触れ〟が、樋口から全国の支店や営業所に発せられる。

七二年に慶応文学部を卒業してアサヒに入社した二宮裕次は、八七年九月マーケティング部の課長代理から堺営業所長に異動する。「堺に赴任した頃、私はドツカレ始めてました」と二宮は話してくれた。関西でもスーパードライの人気に火がつき、商品が足りなくなっていたのだった。

営業所には連日、酒販店から「スーパードライはないか」という電話がひっきりなしにかかり、なかには直接営業所にやって来て「ドライを出せ！」と半ば恫喝する業者まで現れていた。

堺営業所では、特約店（問屋）に対して「お願い箱数」といって割当量を設定して管理するが、次の注文が矢の催促でやってくる。そもそもが、一九五三年から少なくとも八五年まで三二年間も、シェアを落とし続けた会社が、商品を割り当てするような立場に立ったこと自体、初めての経験だった。

アサヒの厳しい時代を支えた、ある辣腕営業マンは言う。

「スーパードライが出る前、特約店でも酒屋さんでも、昼時に出されるのはラーメンでした。ところが、スーパードライが出た後は、うな重に代わりました。我々への接し方が、ガラッと変わったのです。これがヒットするということだと、しみじみ感じました」

結局「スーパードライ」は八七年の年末までに一三五〇万箱を売る。前年に「モルツ」が打ち立てた新製品の初年度販売記録一八四万九〇〇〇箱を、あっさりと抜いてしまう。一桁違う数字だった。

アサヒビール全体の販売量は、実に前年比三四・九％増の五二九六万三〇〇〇箱で、シェアは二・六ポイント上げて一二・七％とした。

ちなみにキリンの販売量は二・五％増だったが、シェアは五七・二％と二・七ポイントも落とす。サッポロは販売量を六・六％増やしたが、シェアは〇・二ポイント落として二〇・六％。サントリーは販売量を一一・六％伸ばし、シェアは〇・三ポイント上げて九・五％。四社合計の販売量は前年比七・五％増の四億一七七六万三〇〇〇箱となるが、販売量を大きく伸ばしたアサヒの一人勝ちだった。

「スーパードライ」が牽引する形で、ライバル三社も販売量を増やし、市場全体を拡大させた意義は大きい。一社単品が〝売れた〟だけではなく、全体を伸ばしたのだ。

†転換期のヒット商品

キリンの太田は指摘する。

「スーパードライは苦くなく、女性に好まれる味でした。ただ、テレビCMはあくまで男性向け。作家・国際ジャーナリストの落合信彦氏（落合陽一の父）がサングラス姿で登場し、硬派なイメージを演出していました。このあたりのバランス感覚がうまかったと思います」

それまで主婦にとってビールとは、夫のために買うものだった。ところが、「スーパードライ」の登場で、自分のために購入を始めたのである。

「ハートランド」を世に出し、一九八九年には「一番搾り」を商品化していく、キリン伝説のマーケター前田仁は、「スーパードライ」について次のように記している。

「お客様の意識（イメージ）と実際の味の好みとにズレがあることが分かっています。（中略）スーパードライ成功要因の一つは、このズレを、企んだのか偶然の産物なのか分かりませんが、巧く利用したことです。イメージはドライという名前が示すとおり男性的で本格的、しかし、味はそれまでの主流であるラガーよりも軽く、ノンビターで飲みやすい。（中略）「お客様の実際の嗜好トレンドはライト化、しかし商品に求めるイメージは本格的」。（中略）この「ズレ」を認識することが、お客様理解であり、ヒット商品を生み出すコツの一つだと考えています」（二〇〇三年四月八日作成の前田仁の講演録「思考の技術」より引用）。

経済企画庁（現内閣府など）によると、バブルの始まりは一九八六年一二月。八五年のプラザ合意による円高、そして過剰流動性が生んだ「バブル経済」。バブル以前は、円高不況に列島は喘いでいた。ところが、一転してバブルである。

「スーパードライ」発売の一九八七年とは、不況期から好景気への転換期に当たる。そんな八七年は、ヒット商品が数多く生まれた年だった。

三菱電機が発売したダニを駆除するクリーナー「ダニパンチ」、同じ三菱電機の大型テレビ、花王のコンパクト粉末洗剤「アタック」、〝女子大生ホイホイ〟と呼ばれたほど若い女性が乗りたがった「ホンダ・プレリュード」（三代目、走りよりデザインを堂々と優先させた。また四輪操舵の4WSを搭載）、発売は八六年だが八七年にヒットした富士フイルムのレンズ付きフィルム「写ルンです」、八六年一〇月発売のキリン「午後の紅茶」、八八年一月発売で3ナンバー車のトレンドをつくった日産「シーマ」などなど。

景気が好転するタイミングは、どうやら「ヒット商品の集中」が発生する。

第二次オイルショック後の不況を乗り切った八〇年代前半にも、マツダの赤い「ファミリア」、VHS方式VTR、レーザーディスク、NECのPCなどが売れ、チューハイブームも巻き起こった。

新しいものを受け入れようとする生活者の消費マインドが、顕著となるためだろう。好況時への転換期に生まれたヒット作の特徴は、従来の延長線上にはない新機軸という点だ。

八七年前後のヒット作には、いまでも販売されている商品はある。女性に支持された商品が多いのが特徴。そうしたなかでも、「スーパードライ」は最大のヒットだったといえよう。

†ドライ戦争

一九八八年を迎えると、正月明けとともに波乱が起こる。一月六日、アサヒはキリンとサッポロに対し、内容証明付きの警告書を送ったのだ。

キリンとサッポロの両社は「ドライ」と銘打った新製品の投入を決めていた。この情報を入手したことによるアサヒの警告書だが、その内容は「①ドライビールの商品コンセプトはアサヒビールが創り出したものであること、②両社の新製品はコンセプト、デザイン、コピーなどが「スーパードライ」と酷似しているので、消費者に誤認を与える恐れがあり、不正競争行為に該当すると考えられること、という二点であった」(『アサヒビールの120年』)。

新聞やテレビはこの問題を「ドライ戦争」などと取り上げ、多くの消費者の知るところとなったが、アサヒの抗議が知的所有権の侵害を主張する内容だったのが特徴だった。こうしたニュースにより、ビール商戦そのものへの社会的関心は高まる。

前年の「スーパードライ」のヒットで経済紙だけではなく一般紙でも、「ビール」の記事が大きく扱われるようになったが、この一件でさらに大きく、多く扱われるようになっていった。

アサヒの抗議に対し、一月末、キリンはネックラベルの文言の変更を、サッポロもラベルデザインの変更を、それぞれ決めて、アサヒは抗議を取り下げる。

キリンは二月二二日「キリン生ビールドライ（キリンドライ）」を、サントリーは二月二三日「サントリードライ」を、そしてサッポロは二月二六日に「サッポロ生ビール★ドライ（サッポロドライ）」を、相次いで発売した。

四社のドライビールが出揃い、商戦においても「ドライ戦争」が勃発する。

とりわけキリンが出した「キリンドライ」は、年末までに三九六四万箱を販売。八七年にスーパードライが打ち立てた新製品の初年度販売記録である一三五〇万箱のほぼ三倍に相当する。二〇二三年春までの段階で、この記録を超えるビールの新製品は登場していない（発泡酒と新ジャンルを含めると、キリンが九八年に発売した発泡酒「淡麗」が三九七四万箱と、僅かの差で上回っている）。

しかし、キリンは八八年に販売量を四・一％落としてしまう。「キリンドライ」が、主力の「ラガー」のシェアを奪ってしまったためである。

八八年のビール市場（四社の合計販売量）は、ドライ戦争の激化から前年比七・二％増の四億七七七四万箱に拡大。この結果、新製品のヒットにもかかわらず、キリンはシェアを六・一ポイントも落とし五一・一％と会社始まって以来の凋落を描く。新製品「キリンドライ」が売れたことよりも、「ラガー」の販売量が減ったことが、キリンにとっては本当に痛かった。

増産体制を整えながら商戦に臨んだアサヒは、販売量を前年比七〇・一％も伸ばし、シェアは七・四ポイントも上げて二〇・一％と大台に乗せる。サッポロは三・三％販売を伸ばすが、シェアは〇・七ポイント落として一九・九％に。

これによりアサヒは一九六一年以来二七年ぶりに二位に浮上。翌八九年にサッポロは経営トップが責任を取り、代わる。

アサヒの当時の幹部は言う。

「それまでもアサヒは、缶ビールやビールギフト券など、先駆けたことをやってきました。でも、キリンがいつも後追いしてきて、アサヒが立ち上げたものを根こそぎ取っていってしまいました。だから、スーパードライにしても、またやられるのではという恐怖がありました。しかし、このときばかりはスーパードライはやられなかった。

「俺たちは何年もかけて消費者の嗜好調査からはじめて、新しいビールを造ってきたんだ。急造のモノマネ商品なんかに負けるわけがない」。やがて、みんなの心にこんな風に火がついたのです。万年体たらくを繰り返してきた会社が、変わった瞬間でした」

アサヒは生産するビールの大半を「スーパードライ」に切り替えていくが、それでも旺盛な需要に供給が追いつかない。

この幹部は、「スーパードライが品不足の間、埋め合わせになったのが他社のドライビールでした」と話す。

†他社の混乱、アサヒの勝算

翌八九年にもキリン、サッポロともにドライビールの新商品を投入するが、八八年の段階でドライ戦争におけるアサヒの勝利は確定していた。

しかも、だ。サッポロは八九年二月、主力商品だった「黒ラベル」を突如終売させてしまう。代わって新製品「ドラフト」を大ヒットの願いを込めて投入するが、これが失敗する。シェアは落ち、最盛期が終わった九月に「黒ラベル」を復活発売するという混乱ぶりを晒してしまう。

八九年三月に就任した営業出身の新社長が打った〝賭け〟だったが、逆にアサヒに塩を送る結果を招く。

この年、アサヒの販売量は前年比二六・八％増の一億一四二八万一〇〇〇箱となり、シェアは前年より四・一ポイント上げて二四・二％とする。

キリンは「フルライン戦略」として、「モルトドライ」「ファインドラフト」など四つの新商品を投入するものの、みな不発に終わる。この結果、シェアは二・三ポイント下げて四八・八％となり五〇％の大台を割り込んでしまう。販売量は前年比〇・八％増の二億三〇七〇万箱。

一時「黒ラベル」を終売してしまったサッポロは、シェアを一・三ポイント下げて一八・六％に。サントリーはシェアを〇・三ポイント落として八・五％で着地する。

四社の販売量は同五・六％増で四億七三〇五万箱だった。数字を並べれば、アサヒの一人勝ちが、三年続いた形だった。

ドライ戦争を知るサントリーの技術部門元幹部は、次のように振り返った。

「当社を含め三社が、ドライビールを出さなければ、「スーパードライ」は革命を起こさなかったのでは。八七年にヒットした、少し味の変わったビールで終わっていたはずです。

つまり、三社の追随がドライという市場をつくり、「スーパードライ」を強力な商品に育ててしまった。そもそもサントリーは、発泡酒をはじめ世の中にないものを開発するのを得意とする会社です。開発型の会社がモノマネをした時点で、失敗は見えてました」

また、別のサントリー技術部門の元幹部は、二〇〇二年にこんなことを言った。

「自分たちとほとんど同じ位置にいたアサヒが大ヒットを飛ばしたのを見て、同じことをやれば俺たちにもチャンスはあるぞと考えてドライビールを出したのですが、かえって自分たち自身を見失う結果を招いてしまった」

キリン生産部門の元幹部は「『キリンドライ』は慌てて出したため、完成度は低かった」と言い、サッポロのマーケット部門元役員は「特約店（卸）からドライビールを出してくれと要請され、出さざるを得なかったのです」と当時話してくれた。

「銀行出身の社長だったから、アサヒは上手くやれたのです。メーカーの我々では、あんな行動には出られなかった」。こんな指摘をしたライバル社の元役員もいた。

〝あんな行動〟とは、活況な金融市場からローコストで調達した資金による大規模な設備投資をはじめ、販売促進費の拡大、そして財テクを指している。

時代はバブルだった。アサヒは他社に先駆けてエクイティファイナンス（新株発行を伴う資金調達）を実行する。八九年末には二五〇〇億円もの手元流動性を蓄えたともされる。単純にバブルという経済環境ばかりでなく、急速なシェアアップによる株価上昇がもたらした結果だった。

八九年のアサヒの営業利益は一一一億円。これに対して、金融黒字は一〇八億円。本業のもうけを示す営業利益並みの運用益をアサヒは上げていたのだ。

「スーパードライ」発売前のアサヒが投じる広告宣伝費は、年間一〇〇億円未満とされていた。これを樋口は「これでは売れるものも売れない」と思い切り引き上げ、八九年には三〇八億円と三〇〇億円を超えた。ドライビールという商品ばかりではなく、三社もこれに追随。ドライ戦争突入前は、四社（サントリーは、ウイスキーなどを含めないビールだけの数字）合わせた広告宣伝費は、年間四〇〇億円程度だったが、突入後は年一〇〇〇億円を超えてしまう。

販促費全体が増大し、サントリーが抱いていた「シェア一〇％をとれば黒字化」という想定は幻と化す。

†設備投資の成功

設備投資に巨費を投じられたことは、アサヒの成長にとって、もっとも大きかった。〝一発屋〟で終わらなかったからだ。「樋口さんがすごかったのは、すぐに大きな設備投資を決断したこと。メーカー出身の社長ではできなかったでしょう」（アサヒの役員経験者）という声は多い。

一九八五年二月に吾妻橋工場を閉鎖したアサヒの生産能力は、八六年が五一万キロリットル（四〇二八万箱）。前年より七万キロリットル減少していた。さらに、同年には食品の東京工場（大田区仲池上）を閉鎖して東京大森工場に移転統合したり、医薬品製造の大阪工場（吹田市）を吹田工場に移転させていた。

資産を切り売りしながら長期借入金を減少させるなど、設備投資よりも財務体質の改善が優先されていたのだ。

そんな状況での、予期せぬ大ヒットである。「スーパードライ」の販売量は、初年度（八七年度）の一三五〇万箱から二年目が七五〇〇万箱、三年目には一億箱を突破する。八七年四月には、急遽一七四億円を投じ、生産能力を約二割増強する工事に着手。それでも、需要に追いつかない。そのため、さらなる増強策に打って出て、八七年の設備投資額は最終的に二五七億円に上った。八八年の生産能力は七一万一八〇〇キロリットルに拡大する。

八九年四月には、新たに茨城工場（守谷市・竣工は九一年四月）の建設に着手する。茨城工場を含む設備投資額は八八年から九〇年までの三年間で約四六〇〇億円に達した。

茨城工場が稼働を始めた九二年の生産能力は一八一万七五〇〇キロリットル（約一億四三六〇万箱）。八六年の三・六倍に能力アップされる。

キリンは一九六〇年代に建設された高崎工場や広島工場が主力だったが、九〇年にはすでに老朽化が進んでいた。これに対し、アサヒは茨城工場をはじめ、生産設備は最新鋭に更新されていたのが違いだった。市場が拡大するなかで、生産効率、生産能力に差が生じていたのだ。

アサヒがこの時期に躍進したメカニズムは、シェアアップにより株価が上昇し、次に高株価を背景にしたエクイティファイナンスを実施。ここで調達した資金を設備投資や販促費に充てて、さらなるシェアアップにつなげていくプラスの循環だったろう。

商品戦略と財務戦略との有機的な組み合わせに支えられた形だが、前提はシェアアップと株高にあった。どちらが止まっても、循環は崩れていく。

八九年一〇月、復活を象徴したようなアサヒの新本社ビルが、かつての吾妻橋工場跡地に竣工する。本社ビルの隣にある〝金色のオブジェ〟は浅草地区の名物となる。ちなみにオブジェは聖火台の炎を表しているそうだ。一一月には創業一〇〇周年記念事業も行われ、まさに絶頂を迎えた。

だが、アサヒを支えた柱の一つである金融市場はこの後、後退局面を迎える。八九年一二月二九日の大納会で、日経平均株価は三万八九一五円八七銭の過去最高値を記録。四万円突破への期待は膨らんだ。しかし、九〇年が明けると株価は下降曲線を描いていく。四月、国は金融機関に対する不動産融資の総量規制を実施。バブル経済は終焉へと向かう。

一方、商品においても、「スーパードライ」の独走を止めるライバルが現れる。キリンが九〇年三月二二日に発売した「一番搾り」がそれだった。

第五章　量を追う時代の終焉

†キリンビールの大型新商品

キリンが大型商品「一番搾り」の商品開発をスタートさせたのは一九八九年に入ってすぐだった。プロジェクトリーダーは、「ハートランド」を中心的に手掛けた前田仁。団塊世代の前田は一九七三年入社だった。

八八年から、前田は社内から商品開発を担うマーケッターとなりうる若手人材の発掘を始めていた。「一番搾り」開発では、工場の醸造技術者、若手営業マンが実質的に前田からスカウトされる。いや、社内だけではない。ハートランドプロジェクトで培った社外人脈を駆使し、大手広告代理店の人選から、外部のアートディレクターやデザイナー起用まで、「一番搾り」開発では前田が決めて集めた。

だが、この後に前田にとっては屈辱的な試練が待っていた。

「スーパードライに対抗する大型商品は、いまのキリンには必要不可欠。よって、企画部でもマッキンゼーとともに大型新商品を開発する」

企画部から突然、このような提案がなされた。新製品開発はマーケティング部の仕事である。企画部の仕事は、組織・業務改革、会社全体の予算管理、さらに戦略立案など。その企画部が、本来は黒子のはずの外部コンサルティング会社マッキンゼーを巻き込み、具体的な商品開発を始めるという。黒幕は、企画部門の大物役員。

結局、前田チームと企画部・マッキンゼーとを競わせ、両者がつくった新製品のどちらかを発売するということになる。

相手は大物の役員だったが、前田とすれば面白いはずはない。しかし、周囲に気にするそぶりを見せなかった。もともと前田は、自分の感情を表に出すタイプではなかった。特に、「他人に自分の弱みを見せない男だった」(キリン関係者)。

前田チームが開発した「一番搾り」は、仕込み工程で得られた糖化液（もろみ）をろ過したとき最初に得られる「第一麦汁」だけを使うビール。先述のように、通常はもろみに再度お湯を加え「第二麦汁」を得て、両方を使う（キリンの場合、割合は第一が七、第二は三）。第一麦汁だけを使えば渋みのないピュアな味を実現できる。しかし、第二麦汁を使わない分、収量が減るため高コストとなってしまう。そのため、生産部門から猛烈な反対を受けるが、前田は半ば強引に造り上げていく。

一方、企画部マッキンゼー連合が造ったのは、ドライタイプのビール。パッケージデザインは、我が国広告史に名を残す超大物デザイナーが手掛けていた。

八九年の年末、社内コンペが実施される。複数回の消費者調査や社内テストの結果、前田チームは圧勝する。

†「一番搾り」の舞台裏

「前田さん、製造部技術課からマーケ部に本日付で配属されました坪井純子と申します。どうかよろしくお願いします」

「実は俺、もうすぐ出るんや」

「エッ……」

現在、キリンホールディングス取締役常務執行役員の坪井純子が、前田仁と初めて言葉を交わしたのは九〇年三月二一日。前田の異動に、坪井は驚きを覚える。

「一番搾り」は、九〇年三月二二日に発売された。流通からの仮受注、さらには市場調査から、ヒットするのは確実と発売前に分かっていた。なのに、前田は左遷されてしまう。

異動先は、規模の小さいワイン部門。花形である新商品開発のリーダーを外され、存在感の薄いワイン部門へ。誰の目にも「左遷」と映る人事だった。前田は四〇歳になったばかり。しかも彼はワインでは門外漢。急な発令だった。

成果を上げたのに、なぜこんな人事が起こるのか。

「(コンペに負けた) 大物役員が、前田さんへの嫉妬から人事部を動かして前田さんを左遷させた」

「当時、営業部とマーケティング部は険悪な関係にあり、マーケ部で頭角を現していた前田さんを、営業部が切った」

どちらも事情に通じたキリン関係者の証言だ。が、いずれもはっきりした証拠はない。

ただし、もう一つ重要だったのは、前田の後ろ盾だった桑原通徳である。このとき、常務大阪支社長だった桑原は、九〇年三月に三期六年の任期を終える本山英世に代わり、社長になるはずだったのが、なれなかったのだ。

前述したが、「スーパードライ」に押されたキリンは前年の八九年、二二年ぶりにシェア五〇％を割りこみ四八・八％で着地する（ちなみにアサヒは二四・二％）。これを憂いた本山は、一期二年の社長続投を決めてしまう。キリンは組織を重視する三菱グループの会社であるため、不規則なトップ人事は異例だった。

本山続投により桑原が社長になる芽は消えてしまい、突如として前田は飛ばされる。「出る杭は打たれた」形だが、桑原派の若手実力者が粛清された結果だったとも言えよう。

当の前田は、左遷人事に対しても不平も不満も漏らさなかった。いつも通りに飄々《ひょうひょう》としていたそうだ。それればかりか、腐ることはなく独学でワインの猛勉強を始めていく。

社内ではいろいろあったものの、「一番搾り」は大ヒットして、「スーパードライ」の勢いを止める。九〇年末までに三五六二万箱が売れた。「一番搾り」のヒットが牽引して、キリンの九〇年の販売数量は前年比一〇・五％増の二億五五〇〇万箱に拡大する。この年、二桁増を果たしたのはキリンだけだった。販売シェアは、〇・九ポイント伸ばして四九・七％とする。

アサヒはシェアを〇・三ポイント落として二三・九％に。「マルエフ」を発売した八六年以降では、初めてのシェアダウンだった。樋口にとっても初めての経験だった。「横綱が頭をつけると、本当に強い」。それまで強気一辺倒だった樋口だったが、弱気な発言もするようになっていく。

†シェアの算出方法を変更

九〇年の四社合計では前年比八・四％増の五億一二九三万二〇〇〇箱となり、ビール市場は初めて五億箱の大台に乗る。

翌九一年、「一番搾り」に押されたアサヒは「スーパードライ」に代わる大型商品というふれ込みで、三月に「Z」を発売する。上面発酵を採用した「Z」は年末までに、一九〇〇万箱を売ってヒットとなる。ところがだ。「スーパードライ」が「Z」と競合しあって一割以上も販売量を落としてしまうのだ。「スーパードライ」は八七年の発売以来初めて、前年実績を下回ってしまう。

このため九一年の商戦はキリン有利なまま推移する。だが、最強の営業軍団を抱えるアサヒは、簡単にはやられない。中元、歳暮のギフト商戦などで、粘り強く戦う。

そして年末、波乱は再び起こる。九一年は凋落を憂えて、一期二年キリン社長を続投した本山英世にとって最終年に当たる。誰が言ったわけではない。だが、キリン復活を示す基準値は「シェア五〇％回復」と、キリン社内でも業界内でも多くが暗黙のうちに描くようになっていた。

このシェアをめぐり、九二年の年明けは〝場外乱闘〟となっていく。ビール商戦は熾烈化して、新聞は毎月、各社のシェアを紙面に掲載していた。全国紙だけではなく、地方紙でも共同通信や時事通信の配信を載せていたのである。しかも、「ビール記事の掲載率は高かった」（当時の通信社記者）。

バブルが弾けて、自動車の販売台数などが減少しているのに、ビールの販売量だけは右肩上がりを続けていて、商戦は社会現象となっていた。

問題だったのは、シェア算出の元となるデータが、四社が月初に公表する自己申告による販売量だったという点。年末から年初にかけてキリンは「ライバル社が水増し申告している。キリンのシェアはもっと高く、シェア五〇％を超えている」と、暗にアサヒへの批判を始める。キリンを除く三社で、一番シェアが高いのはアサヒであり、キリンのシェアへの影響度は大きかったのだ。

ビールの年間シェア一％は、九〇年の場合ならば一億人強の人が、六三三ミリリットルの大瓶を一斉に飲み干した量に相当する。〇・一％でも一〇〇〇万人強の人というスケールであり膨大なのだ。

キリンのこうした動きに対して、一部の新聞が「ビール業界、シェアを巡り〝場外乱闘〟」「背景にキリンのトップ人事　五〇％花道に社長勇退」と、報じた。

業界団体であるビール酒造組合（この時の会長は樋口）はこの問題を協議。九二年からは、それまでの販売量の自己申告をやめて、酒税算出の元となる工場から出荷された量を表す「課税移出数量（課税出荷量）」を公表するように変えることで、決着する。販売数量の場合、実際にモノが動いてなくとも、メーカーと卸との間で販売が確定していれば、数量に算入できた。自己申告なので、数量を発表するメーカーの自由度も高かった。

†シェアをめぐる場外乱闘

九一年まで、新聞各社の担当記者はビール四社に対し月初に電話を入れ、自己申告による前月の販売量を聞き出し、担当記者は電卓をはじきシェアを算出して記事にしていた。ごくまれにだが、計算を間違える記者がいて（たいていは電卓の打ち間違い）、一紙だけ数値が違うケースもあった。また、割り算での小数点以下の取り扱いを巡って、記者クラブ内にて複数社による〝談合〟が行われ、同じ数値に統一することもあった（当時の新聞や新聞記者にとって大切なのは、スクープではなく、誤報を打たないことだった）。

いずれにせよ、九二年から出荷量を元に、シェアは算出されるようになる。また、ビール酒造組合に加入している沖縄のオリオンビールも、九二年から対象となった。オリオンのシェアは〇・八〜〇・九％。

九二年から〝水増し〟の疑われた自己申告の販売量から、課税される出荷量となったことで、シェアはより正確になる。ただし、ビール各社の発表は月初ではなく、数字がまとまる一五日前後に変わる。

一方、弊害も生じていく。実際に出荷しなければシェアは動かなくなったため、やがてメーカーによる流通への〝押し込み販売〟が横行していくのだ。問屋も小売もバックヤードはビール類で溢れてしまう。

しかもだ。押し込むための手段として、メーカーは卸に対して、販売奨励金（リベート）を拠出。この金は小売へと回った。さらに、料飲店に対しても、他社のビールに切り替えた場合などに、ビールサーバー設置やロゴ入りグラスを整えるための「協賛金」という名目で金が流れた。

特に九〇年代後半から二〇〇〇年代前半はシェア競争が激しくなるほどに、弊害も拡大していったのだ。

ちなみに、五社の出荷量によるシェア算出は二〇一八年まで行われ、一九年は再び四社の自己申告による販売量に戻る。戻った理由は、キリンが生産を請け負った大手流通のPB（プライベートブランド）商品（新ジャンル）をキリンの出荷数量に算入するかどうかで、業界内で紛糾したためである。結局、出荷量も販売量もキリンは算入した。

すると二〇年からは、アサヒが「過度のシェア競争を避けるため」として、販売量の公表自体をやめてしまう（ただし、「スーパードライ」など一部の商品の販売量は公表）。以降、マスコミは推定値としてシェアや総販売量を報道している。

さて、キリンの本山英世政権最終年だった一九九一年のシェアはどうだったのか。

九二年一月七日に各紙が掲載した記事によれば、キリンのシェアは四九・五％。キリンの販売量は前年比五・二％増。これはサッポロと並びトップの伸び率だった。特に「一番搾り」が前年より九七％増の七〇〇〇万箱も売れた。だが、目標のシェア五割には到達できなかった。

これについてキリンは「自社集計では五〇・一%」と主張したため、〝場外乱闘〟といった記事が出たのだった。

九一年の三社のシェアは、アサヒ二四・一%、サッポロ一八・三%、サントリー七・八%。いずれも自己申告の販売量として、である。

四社合計の総販売量は前年比三・八%増の五億三七六五万箱。バブル崩壊によって日本経済は低迷に向かっていたのに、ビール市場だけは商戦の激化に伴い拡大を継続させていた。

実は今回、自己申告の販売量ではなく、キリン以外の大手ビール会社がまとめた九一年出荷量を記録した内部資料を入手した。これによると、オリオンを除く四社の出荷量は五億三六八〇万箱。このうちキリンは二億六八四一万箱。シェアを計算すると五〇・〇二%。二〇二二年のサッカーW杯における〝三笘の一ミリ〟ではないが、一九九一年にキリンはギリギリで五割に達していた、とデータによっては認められる。

だが、「キリンの五割」は、すぐに意味のないことになっていく。

†キリン、アサヒ、トップの交代

一九九二年一月九日午後、霞ヶ関にある農林水産省三階の農政クラブ（記者クラブ）。キリン社長の本山英世は三月に社長になる役員を伴い社長交代会見に臨んだ。

会見の最後に、本山は次のように話した。

「シェア五〇％に関して私は何も指示していない。部下たちが私を思うあまり、勝手に動いたこと」

混乱を避けるための発言だったのか、いまとなっては分からない。だが、「自社集計では……」と必死に訴えていた現場の担当者たちはこの瞬間、色を失ってしまった。

一方で肝心のトップ交代だが、三月に会長になる本山とともに、会見場に登壇していたのは意外な人物だった。それは真鍋圭作専務。なぜ意外かと言えば、真鍋は人事出身だったから。本山をはじめ、キリンの経営トップは、主流の営業部出身者が就くのが通例だったのだ。営業出身者以外が社長に就くのは、一四年ぶりとなった。

二年前、ポスト本山の大本命だった営業出身の桑原通徳は、前年の九一年三月、当時子会社だった近畿コカ・コーラ社長にすでに転出していた。

アサヒでも社長交代が行われる。一二月決算であるアサヒの社長交代は、本来は三月の株主総会後の取締役会で決まる。キリンやサッポロと同じように。八六年三月に社長に就任した樋口は、九二年三月で三期六年の任期を迎える。ところが、「ビール商戦が本格化する三月にトップが代わるのは良いことではない。商戦が一段落する九月に交代する」と、九一年の年末から樋口は半年間の〝続投宣言〟を出していたのだ。

樋口に代わって、九月からアサヒ社長に就いたのは、営業出身のプロパー、瀬戸雄三副社長。実に五代ぶり、そして二一年ぶりのプロパー社長誕生だった。

樋口はこの時、出身銀行である住友銀行の意向ではなく、自分の判断で瀬戸を社長に起用した。

「瀬戸には社内の人望がある。頭の良い奴はほかにもいるが、大切なのは人望なんだ。引き続き（住友）銀行から人を受け入れるが、社長にはしない」

当時、樋口は筆者にこう話していた。これは、「スーパードライ大ヒット」という実績を持つ樋口だからできたトップ人事であり、樋口の功績の一つと言っていい。

交代会見は九二年七月中旬の猛暑の午後、農政クラブで行われた。会長になる樋口と社長に就任する瀬戸が登壇したが、二人から特別な発言はなく、型通りの会見が終了する。

記者に囲まれている瀬戸を残し、樋口はクラブ内のソファーに座ると「聞きたいことがあったら、何でも答えるよ」と、居合わせた数人の記者に言った。

そこで筆者は、「在任六年半の間で、一番大変なことは何でしたか」と、当たり障りのない質問をした。すると、意外な答えが返ってきた。

「それはね、宮崎輝さんだよ。今年四月に亡くなったけどね（享年八二歳）。宮崎さんは最初、ニッカ（ニッカウヰスキー）を欲しいと言ってきた。ところが、飽き足りなかったのか、しまいにはアサヒビールそのものを欲しいと言ってきたんだよ。僕の社長時代は、宮崎さんにどう対するかで実は多くを占められた。スーパードライのヒットや、大きな設備投資、フォスターズ（豪のビール会社）への資本参加といろいろやってきたけど、宮崎さんと比べれば、みな小さなものだった」

宮崎輝は、第二章で触れたように、旭化成のドンと呼ばれた経営者である。旭化成とアサヒビールとの結びつきは八一年、京都にあった医療法人の十全会が買い占めたアサヒビール株一〇％を、住銀頭取だった磯田一郎の仲介により旭化成が引き受けてからだった。八一年一〇月には両社は提携し、人事交流などを行う。

宮崎とすれば、日本酒や焼酎、原料用アルコール、缶チューハイなどをもつ旭化成の酒類事業拡大のためには、アサヒビールやニッカが必要と考えたのだろう。ビール事業とウイスキー事業を手中に収めれば、サントリーと同じように総合的な酒類事業を完成できる。日本酒をもつので、領域としてはサントリーよりも幅広くなる。

ちなみに、宮崎が急逝して一〇年が経過した二〇〇二年、アサヒビールは旭化成の焼酎・低アルコール事業を買収した。アサヒは総合的な酒類事業の構築を目指し、旭化成は不採算部門の売却で化成品や住宅などの主力事業に経営資源を集中させようとした結果だった。それはともかく、一九四九年にGHQにより、大日本麦酒がアサヒとサッポロに解体されて、戦後のビール産業はスタートを切った。以来、戦後の歴史において業界再編の要素がついて回っていた。大ヒット商品が誕生しても、いや誕生したからこそ、むしろM&A（企業の合併買収）への圧力が強まるケースさえあったのだ。

そして、四社体制が続いているいまも、再編圧力のマグマは消えていないのではないか。何しろ、少子高齢化、人口減少から市場は縮小を続けているのだから。

†投資の失敗

アサヒ社長に、九二年九月就任した瀬戸雄三を待っていたのは、樋口が残した〝負の遺産〟だった。第四章で触れたが、バブル期から、アサヒは積極果敢な設備投資と、海外投資を実行していたが、特に海外投資に失敗する。また、多くの日本企業と同じように、アサヒも財テクに手を染めていたのだった。それが元で含み損を抱え、損金処理が必要になっていた。株式市場が下降曲線を描いていき、資金調達が容易ではなくなった九〇年代に入ってからも、樋口は積極姿勢を崩さなかった。

一九九〇年、オーストラリアのビール大手、フォスターズに約八〇〇億円を投じて資本参加（二〇%弱）したのは、「フォ社の販売網を使いスーパードライを世界に売り込む」シナリオだった。ところが世界に売り込む以前に、フォ社は迷走してしまう。同社は当時世界四位のビール事業を持っていたが、コングロマリット（複合企業）であり、ビール以外には赤字事業もあった。アサヒの出資後、内紛が勃発して経営は混乱を極めていったのだ。結局、瀬戸社長時代の九七年、アサヒはフォスターズの保有株の大半を約六〇〇億円で売却した。

「本体だけなら二〇〇億円程度の損だが、為替差損を含めると損失額は約五〇〇億円に及んだ」と、二〇〇二年四月、すでに相談役に退いていた瀬戸は、筆者に話してくれた。

「私が社長に就任した九二年末の段階で、有利子負債は一兆四一一〇億円もありました。

この年の連結売上高は九四九〇億円。つまり、売り上げの一・五倍もの借金があったのです」。当時は連結での開示義務がなかったため、アサヒの厳しい財務事情を知るのは社長の瀬戸と、ごく一部の幹部に限定されていた。

瀬戸が九三年一月に打ち出した具体的な方針は「売り上げの拡大と効率化」だった。つまりはシェアアップによる売上高の拡大と、年間一〇〇億円規模のコストダウンを意味した。現実に瀬戸は、約一〇年かけて財務を再建する。二〇〇〇年度には赤字決算を断行してまで、財務の〝ウミ〟を出すことに専念した。

「樋口さんが社長だった最後の三年間、すなわち九〇年から九二年、シェアはマイナスか横ばいでした。停滞した原因は、商品のヒットにより社員が放漫になったり緊張感を欠いたりと、会社の内部にあったのです」と瀬戸はしみじみ話してくれた。

樋口が始めたゴルフの冠大会、オペラ公演、パリのレストラン事業などを、社長に就任した瀬戸は次々にやめていった。大きな借金を抱えていただけに、金のかかるイベントなどを整理していく必要があったのだ。このため、会長の樋口と瀬戸との関係はギクシャクしていく。

会長就任に伴い樋口は、吾妻橋本社からかつての本社だった京橋ビルに移る。〝二頭政治〟になってはいけないという考えからだった。だが、「アサヒを建て直した」という自負をもつ樋口は、瀬戸の行いに対して何かと口を出してきたそうだ。「経営に対する考え方の違い、あるいは銀行出身者とプロパーという違いだけではなく、京都の商家で育った樋口さんと、父親が神戸の貿易商という裕福な家庭に育った瀬戸さんとの、何とも言えない出自の違いが二人の間に溝をつくっていったように思えます」（当時のアサヒ幹部）という意見もあった。

しかし、転機は九四年、九五年に訪れる。樋口は九四年二月に防衛問題懇談会座長に、そして九五年五月には経団連副会長に就任したのだ。こうしたことから、樋口の軸足がアサヒから離れていき、社内が決定的に混乱する事態にはならなかった。

†酒類販売にも自由化の波

一九九〇年代、ビール産業を取り巻く環境は、大きく変化していく。

九〇年代初頭までは、酒の販売免許を持つ酒販店による定価販売が行われていた。酒販免許という国の規制に守られ、メーカー、卸、小売の三層は利益を分かち合うことができた。

建値《たてね》制と呼ばれる仕組みで、販売価格の取り分は、メーカー、卸、小売で「七対一対二」の割合。メーカーの取り分が多いように見えるが、日本の高い酒税を支払うのはメーカーのため、見た目ほどうまみはない。広告宣伝もメーカーが担う。

酒類販売が免許制となったのは、太平洋戦争開戦以前の三八年。以来、酒販店が酒類の販売を独占していた。高度成長の間は、こうした構造が維持されていた。ところが八〇年代に入ると、ビール業界に規制緩和の波が押し寄せる。

「第二臨調（土光臨調）」や「新行革審」の答申を受け、八九年六月に国税庁は「酒類販売業免許等取扱要綱」を改正。これによって酒類販売は段階的に自由化されることになった（最終的には、二〇〇六年にすべての地域で酒類販売は原則自由化される）。

また、別の分野でも規制緩和が進む。

前後するが一九九一年には、日本に進出を目論む玩具販売のトイザらスなどアメリカの小売企業を支援するアメリカ政府からの要請（というよりも外圧）もあって、大規模小売店舗法（大店法）が改正（緩和）されたのだ。

この結果、アメリカ企業だけではなく、国内大手流通のショッピングモールやスーパーなどの大型店舗の出店が容易となる。さらに九三年には、新規出店する大型店には酒販免許が付与される規制緩和が実施された。

当時スーパー最大手だったダイエーが、ベルギー直輸入ビール「バーゲンブロー」（三三〇ミリリットル缶）を、消費税別一二八円でPB（プライベートブランド）として発売したのは、九三年一二月。「スーパードライ」や「一番搾り」など日本のビールは、三五〇ミリリットル缶で同二二〇円だったため、当時の流行語である〝価格破壊〟の象徴的な存在となる。

ダイエーの経営トップは中内㓛《なかうちいさお》。創業者であり、薬や家電品をはじめ「安売り」を看板としていた。特に、松下電器産業（現パナソニック）を創業し定価販売を基本とする松下幸之助とは、激しく戦ったことで知られる。

翌九四年五月、財政難に苦しむ政府はビール税を増税した。これに伴い大手四社は横並びに、大瓶（六三三ミリリットル）一本当たり一〇円値上げして同三三〇円に、また三五〇ミリリットル缶は同二二五円とした。

増税においては、いつも四社は足並みを揃えていた。ところがダイエーは四月、メーカーの横並びの値上げを狙い撃つように、逆に値下げしたのである。ダイエーはそれまで同二一三円で売っていた三五〇ミリリットル缶を、四月に一九八円に値下げしたのだ。「ダイエーショック」などといわれたが、他の大手スーパーも追随し値下げしていく。

大手スーパーが安売りに動いた背景には、九〇年代に入り台頭していた酒のディスカウントストアへの対抗があった。

ダイエーによる値下げを境に、ビールは「一物一価」ではなくなり、酒販店での定価販売も建値制も崩壊していった。ビールの価格決定権はメーカーに代わり、スーパーやコンビニ本部といった大手小売が握るようになっていった。

もっとも現在は、「原材料費の高騰からメーカーが値上げすると言えば、我々流通は受け入れなければならない。ビールに限らず他の食品でも一緒。中内さんの時代とは違います」（中堅スーパーのバイヤー）と話す。

それはともかく、キリンラガーの瓶ビールをケースで各家庭に配達していた街の酒屋は価格競争力を失い、コンビニへの業態転換が相次いでいく。これに伴い、キリンの高いシエアを支えていた「酒販店によるビールの配達」は消えていった。

†消費行動の変化と発泡酒「ホップス」

「ヱビス」に代表されるプレミアムビールを除けば、四社のどの銘柄を、全国どこの酒屋で買っても同じ値段、という従来の構造はその後なくなっていった。消費者は、スーパーやショッピングセンターなどで缶ビールを主に主婦がまとめ買いする形に消費行動が変わる。チラシを比較して安い方を選ぶ。ついでに、野菜や肉も買っていく。

ここで選ばれた缶ビールが、バブルのはしりに生まれた「スーパードライ」であり、バブルの終盤に発売された「一番搾り」だった。

九三年発売の軽自動車スズキ「ワゴンR」、九四年発売のホンダ「オデッセイ」と、荷室が広いクルマが相次ぎヒットしたのは、大店法改正によって大型商業施設が増え、生活者の消費行動が変化したことと無縁ではなかったろう。

第一章で指摘したが、九四年四月には、メーカーに課している最低生産数量が緩和され地ビール（いまでいうクラフトビール）が解禁される。国は酒税法改正に伴い最低生産数量を年二〇〇〇キロリットルから年六〇キロリットルへと、大幅に緩和させたのだ。メーカーは高いビール税を支払う。代わりに国は最低生産数量という障壁を設け、新規参入をさせない——という「持ちつ、持たれつ」の関係性は雲散霧消していく。

ビール商戦の激化で苦戦を強いられていた四位（当時）のサントリーが、九四年一〇月に静岡市で発売したのが、本邦初の発泡酒「ホップス」だった。酒税が安いため三五〇ミリリットル缶が消費税込み一八〇円。当時のビールよりも四五円安く設定した。バブル崩壊後の不況感が深まるなか、サントリーは価格軸で勝負に出て、最悪期を脱していく。サントリーの九四年のシェアは五・九％に対し、「ホップス」が全国発売されていった九五年は六・七％に持ち直した。

当時の酒税法では、原材料に占める麦芽の割合が六七％以上のものを「ビール」としていた。麦芽構成比六五％の「ホップス」は酒税が安く、価格を下げることができたのだ。

一方、ダイエーの「バーゲンブロー」の末路だが、需要予測を誤り大量の在庫を残して失敗する。醸造酒のビールを、赤道を二回越えて船で運んだため、味の劣化を招いたことも痛かった。だが、二〇一〇年前後から始まる、大手流通がビール会社に生産委託するPB、ビール系飲料のはしりでもあった。

†九四年の転換点

「バーゲンブロー」を生産していたのはインターブリュー。その後、世界的な金余りを背景にM&Aを繰り返し、現在は世界最大手であるABインベブとなる。それでも、一九九四年当時はキリンとほぼ同じ規模のビール会社だった。だが、ベルギーにあるインターブリューは、国内市場が小さいため世界に打って出ざるを得なかった。

一方、人口一億人を超える日本のキリンは、国内での戦いに明け暮れていく。ただし、ABインベブがビール会社でありながら、投資会社的な色彩が強いのに対し、キリンをはじめ国内四社はみな「モノづくり」を中心に考えるあくまでメーカーである。

もう一つ、九四年のビールの出荷量と発泡酒の販売量を合わせた市場規模は五億七三二一万五九五五箱と、二〇二三年現在までにおける過去最高を記録した。「スーパードライ」が発売される前年の八六年（販売量で三億八八六六万箱）と最盛期の九四年を比較すると、市場は八年間で五割も拡大した。

一方、コロナ禍前の二〇一九年のビール類（ビール、発泡酒、新ジャンル）の販売量は三億八四六八万箱。九四年と比較すると、市場は四半世紀で三一％強も縮小してしまう。さらにコロナ禍だった二〇二二年の市場サイズは三億三九一四万箱。七八年（三億四六六五万箱）と同程度であり、九四年の市場を一〇〇とすると、五九％の規模であった。九四年がビール産業の転換点と言える理由を整理する。

①市場規模が過去最高を記録

②ダイエーショック。ビール税増税に伴いメーカーは値上げしたのに、流通最大手だったダイエーが、逆に値下げした。他のスーパーも追随

③PB（プライベートブランド）ビールの登場。ダイエーが前年末に発売したベルギー産PBビールを積極的に販売

④地ビール（クラフトビール）解禁。最低生産数量が緩和され、相次ぎ参入

⑤サントリーが発泡酒を発売。大蔵省（現・財務省）と酒税をめぐって攻防が始まる

規制緩和が実行される一方で流通企業の力が増し、定価販売や建値制など、それまでの既得権益は崩壊していく。ビール販売は地域に根ざした酒販店に代わり、大都市に本社を持つ組織小売業であるスーパーやコンビニが中心になっていく。バブル崩壊による経済の低迷から、安価な商品が好まれるようになっていく。そして、商戦は激化を極めていった。

†発泡酒の増税を目論む税務当局

発泡酒にはサッポロも、九五年に「ザ・ドラフティ」で参入した。酒税が「ホップス」よりも安い麦芽構成比二五％未満として、希望小売価格は三五〇ミリリットル缶で消費税込み一六〇円。価格は「ホップス」より二〇円安かった。

ちなみに当時の税率は三段階であり、ビールは一リットルあたり二二二円。麦芽構成比率六七％未満は発泡酒となり、税率は一リットルあたり一五二円七〇銭。二五％未満は、同八三円三〇銭だった。

「とにかくまず、麦芽二五％未満を出してみて、市場の反応を見ながら改良を重ねていく作戦でした。景気が後退し、ダイエーのバーゲンブローが登場し、市場は低価格を支持する流れでした」とサッポロの幹部は、かつて話してくれた。

価格の安い発泡酒市場が形成されつつあった。

ただし、税務当局はこうした変化に目を光らせていた。当時の大蔵省は「発泡酒」をターゲットとする九六年度中の増税へと動き出す。特に「ホップス」は製法も味もビールとほとんど同じであるうえ、消費者もビールの代替品として飲んでいるケースが多く、「税率の差は不公平に当たる」というのが、増税理由だった。

酒税改定の大蔵原案が発表されたのは九五年一二月一五日。その内容を見て、サントリー関係者は衝撃を受ける。麦芽構成比率は従来と同じに六七％以上をビールとしていたが、酒税改定の原案では、麦芽五〇％以上を一律に、ビールの税率（一リットルあたり二二二円）を適用するとなっていたのだ。

酒税改定案に従うなら、麦芽比率六五％の「ホップス」は、ビールと同じ税額となるため節税効果が喪失される。原案では、二五％以上五〇％未満が一五二円七〇銭、二五％未満なら八三円三〇銭から一〇五円と増税幅はわずかだった。改定時期は、本格シーズンが終わる九六年一〇月とされていた。

†サントリー「スーパーホップス」の秘策

サントリーも、麦芽比率二五％未満でもおいしい発泡酒の開発に取り組む。主原料である麦芽の構成比を二五％未満にすると、酵母が食べる「主食」が減ってしまう。その分、ビタミンやミネラルといった栄養分も減り酵母の働きも弱まってしまう。減らした分の主食を何かで代替しなければならない。

この難題に立ち向かったのが、当時サントリーの技術者だった中谷和夫だった。中谷は使用量が減った麦芽の代わりに「糖化スターチ」の採用を決める。「糖化スターチ」とは、コーンを主原料とする水飴状の液糖である。

「時間的な制約があり、ほかの候補を探す余裕はなくて、「糖化スターチ」で決め打ちのような状況でした」

と、中谷は話してくれた。「決め打ち」と表現したが、当時の中谷には技術的な下地があった。中谷は七五年から約一年半、麦芽構成比二五％未満の場合の醸造方法を研究した過去があった。商品化が目的ではなく、生産効率を上げるための研究ではあったが、そのお蔭で基礎となるデータが揃っていた。二〇年も前の基礎研究が、会社の浮沈を左右する重要局面で光を放ったのだった。

試作品ができて、会長だった佐治敬三、副社長だった佐治信忠はともに、商品化を認める。しかし、問題はまだあった。「糖化スターチ」を受け入れる専用タンクの設置が必要だったのだ。工事が完了するまで、量産はできない。遅くとも三月中に仕込みを始めなければ、需要が拡大する五月中の販売は不可能となる。

生産を予定したのは武蔵野工場（当時。現在の名称は「サントリー〈天然水のビール工場〉東京・武蔵野」）。ユーミンの名曲「中央フリーウエイ」に登場するビール工場である。操業している工場での新設備設置は、突貫工事で行っても五月の連休までかかってしまう。

「何とかならないのか、みんな知恵を絞れ」。ビール事業部門の幹部が檄を飛ばした。

「ウルトラCがあります」。生産部門からある提案がなされた。

それは、「糖化スターチ」を搬送してくるタンクローリーを武蔵野工場内に横付けして、タンクローリーから釜までをホースでつなげて、そのまま材料を投入しようというもの。つまり、受け入れ専用タンクの代わりに、車両のタンクをそのまま使うという離れ業だった。

「タンクローリーは何台出動できますか」。サントリーとスターチメーカー、運送業者との間で綿密な打ち合わせが行われ、手作業により「糖化スターチ」の投入は実行された。

これにより、商品化された麦芽構成比二五％未満の発泡酒は「スーパーホップス」として一九九六年五月二八日に発売された。

酒税改正の前どころか、夏のビール商戦の前というスピード発売だった。

希望小売価格は三五〇ミリリットル缶一五〇円。サッポロの「ザ・ドラフティ」よりも一〇円安くして、業界横並びの価格体系を壊した。

中谷がつくった「糖化スターチを主原料」とする醸造方法は、その後各社が商品化する発泡酒のスタンダードとなる。

また、二〇〇三年にサッポロが開発する「新ジャンル（第三のビール）」にも、「糖化スターチ」を使った醸造技術が応用されている。

†キリンとアサヒの情報戦

ビール業界が激変しているなか、気がつけばキリンは混乱の渦へと突入してしまう。

一九九三年七月、「総会屋への利益供与事件」が発覚する。現役社員から逮捕者を出すなど、名門企業としての看板に傷かつく。責任を取り本山英世会長らが辞任した。

ダイエーショックなどで業界が揺れた九四年を経て、九五年八月には、売り上げが好調だった新製品に雑菌が混入していたことが判明する。飲んでも人体に影響を及ぼさない菌だったが、ビールが濁ったり異臭を発するケースが報告された。生産していた取手工場の、ろ過工程での洗浄・殺菌ポンプが壊れていたことが原因だった。

そして九六年一月、キリンは主力商品「ラガー」を、熱処理ビールから生ビールに変えると発表する。

前年の九五年春、アサヒが「生ビール売上No.1」というコピーが入った広告を打った。新聞、雑誌、テレビで、である。

ビール業界における生ビールの比率は、「スーパードライ」が発売された一九八七年には拮抗するようになり、九四年には七五%近くが生ビールになっていた。

ただし、アサヒが「生ビール」の売り上げでトップに立ったのは八八年。それから六年以上経過した時点で、「No.1」と広告を打ったのには理由があった。

「アサヒとしてはこの時、大きな賭けに出たのです。狙いはキリンのミスマーケティングを誘うことでした。広告による情報戦略でした」

当時のアサヒ幹部は、かつて打ち明けてくれた。リスクを取り賭けに出た背景には、アサヒが抱える大きな借金の存在があった。シェアを拡大し、売り上げを伸ばさなければならない事情があったのだ。

アサヒの事情はさておき、九四年のキリンのシェアは四九・〇％。対するアサヒは、樋口時代後半の停滞は脱したとはいえ二六・〇％。キリンはアサヒのほぼ倍であり、この年のトヨタと日産のシェア差より大きかった。

ビール市場でナンバーワン・ブランドである「ラガー」の九四年販売実績は、一億五一五〇万箱。ブランド二位の「スーパードライ」は一億二一五〇万箱。差は縮まってはいたものの、まだ三〇〇〇万箱、シェアにして五・二％を超える差があった。ラガーには中高年を中心に熱烈な固定ファンがいたのだった。

そこで、アサヒが打った「No.1」広告だったが、〝危険な賭け〟でもあった。

キリンが静観を決め込んだなら、大きな変動はなかったろう。もしも、キリンが「ラガー」をそのままに、同じ生ビールである「一番搾り」を前面に押し出してきたなら、アサヒは苦境に立たされてしまう。

「一番搾り」も「スーパードライ」も、缶の比率が高く、コンビニで人気があり、二〇代の若者や女性からの支持が強かった。ともに、「ラガー」から離れた人たちが飲んでいて、共通項が多かったのだ。

現実には、アサヒの「生ビール売上No.1」広告を受け、キリン社内では営業部が「ラガーを生ビールにしなければ、もうどうにもならない」と強く主張した。営業部は、「ラガー」の販売量減少に歯止めをかけたかった。少なくとも、「ラガー」を生ビールにすれば、「スーパードライ」は「生ビール売上No.1」のままでいられないだろう。

これに対し、マーケティング部が反対した。「ラガーには固定ファンがいる。生ビールにして味を変えれば固定ファンが離れていく。それにラガーはいまでもビールナンバーワンの座にある」と。マーケティング部は論点を資料にまとめ、全国支店長会議で配付して、商品戦略の変更を阻止しようとした。しかし、営業部門を止めることはできなかった。

九四年からキリン営業部は、「ラガー」を中心に売ろうとする「ラガーセンタリング運動」を展開していて、「「一番搾り」を前面に押し出す」という選択肢も発想も出てこなかった。何しろ、当時のキリン社員の大半は、「ラガー」によって、圧倒的首位という〝良い思い〟を長期間享受してきたのだ。「ラガー」は彼ら彼女らの魂そのものであり、「スーパードライ」はもちろん、自社の「一番搾り」でさえ、決して超えてはならない聖域だった。過去の成功体験から脱することのできない硬直した体質に危機感を抱いたのが、桑原であり前田だった。が、二人とももういなかった。桑原に続き、前田も九三年に子会社の洋酒メーカーに出向させられていた。

九六年二月に生ビール化した「ラガー」だったが、徐々に勢いを失っていく。同年六月、単月の瞬間風速だったが、「ラガー」はついに「スーパードライ」に逆転を許してしまう。その後も、「スーパードライ」は勢いを増していった。

九六年三月、真鍋に代わりキリン社長には、経理出身の佐藤安弘が就任していた。佐藤は、総会屋への利益供与事件を担当し正面から当たった役員だった。

社長就任の直後、佐藤は発泡酒参入を決断する。極秘裏に、だった。

さて、「そもそも欧米では、生ビールと熱処理ビールの区別はない。少なくともドイツでは、生ビールとドラフトビールは、イコールではない。ドラフトビールは樽詰めビールを指します。したがって、缶や瓶に詰められたビールは、熱処理していなくともドラフトビールとは言わない」（ドイツに駐在経験のあるビールメーカー幹部）という指摘はある。ちなみに、ドラフトには「汲み出す」「樽から出す」といった意味があり、「ドイツでは樽詰めをファストビア（ドラフトビール）と呼んでいる。つまり、Vom Fass（はかり売り）で樽からという意味なのです」（同）。

　前述したが、日本では公取委が七九年に「生ビールおよびドラフトビール」を「熱処理をしないビール」と定義した。しかも、九六年にキリンが「ラガー」を生化したことで大手四社が造るビールのほとんどすべては、生ビールになった。

　しかし、「世界から見れば、日本のビール市場は〝ガラパゴス〟」（同）という。

一方で「世界でも、生と熱処理の区別はある。例えば、ミラー・ジニューイン・ドラフト（米で八六年発売）は、熱処理していない生と強調した。現在もアメリカのクラフトビールではシェラネバダやウィドマーは熱処理していませんし、サミュエル・アダムズは樽は生、瓶は熱処理であることを公表しています」（別のビールメーカーの元幹部）という主張はある。

　これに対し、「これらはみなマイナー。メジャーな考え方ではない。特にミラーは、バドワイザーへの対抗から、ジニューイン・ドラフトを投入したが、バドを超えられなかった」（前出のドイツ駐在経験のある幹部）と話す。

キリン技術部門の元幹部は言う。

「パスツールが発明した熱処理の工程を、ビール業界で工業的に確立したのは、バドワイザーの米アンハイザー・ブッシュ社（現在のABインベブ）でした。ベルトコンベアに乗せられた瓶ビールに、シャワーのようにお湯をかける箱形の装置（パストライザー）を発明し、アンハイザー・ブッシュ社は開拓時代の西部で大成功を収めた。日本のビール会社も、アンハイザー・ブッシュ社と同じ装置を入れ、熱処理ビールを商品化しました。その代表格がキリンラガーです。戦後、一時代を築きましたから」

ちなみに、世界的な業界再編からミラーもいまはABインベブである。

「アレはオウンゴールだった」（キリン幹部）と指摘される「ラガー」の生化は、戦後のビール商戦の分水嶺であったが、同時に熱処理しないビールが大半を占める日本独自のビール市場が形成されていくターニングポイントでもあった。

†ワゴンRで来社したアサヒ社長

一九九七年の秋だった。アサヒビール社長、瀬戸雄三は浜松のスズキ本社を訪ね、当時社長だった鈴木修と接見した。もちろん、ビールの売り込みのためである。ちなみに、鈴木修と瀬戸はともに一九三〇年生まれの同年齢。一九四五年八月一五日の終戦時、鈴木修は宝塚の予科練にいて、瀬戸は神戸三中（現在の兵庫県立長田高校）の教室で高射砲に使う精密部品を製作していた。

浜松駅に降り立った瀬戸は、アサヒの浜松支店長から言われた。「今日は、ちょっと変わった車に乗っていただきます」。瀬戸を乗せた〝変わった車〟は、スズキ本社の正門をくぐり駐車場に停まる。係員に誘導されて、瀬戸らは正門の正面にある三階建ての茶色いビルに入る。

一階はシーンと静まり返り、誰もいない。受付係すらいないのだ。インドをはじめ各国で事業展開する世界企業の本社窓口とは、想像できぬほどの簡素さである。コスト削減を徹底させている証でもあった。

受付の代わりに、カウンターに小さな電話器が一つ置いてあり、支店長が内線を回して来訪を伝える。「三階に上がって欲しいとのことです」。

通された小学校の教室ほどの部屋で待っていると、やがて勢いよく扉が開き、「オウ、イラッシャイ。私が鈴木修です」と、作業服と一緒に白いワイシャツのソデをまくった、まゆ毛の長い男が突然一人で現れた。

腕白少年がいきなり入ってきた風情である。

瀬戸は立ち上がり、深々と頭を下げ、名刺を交換すると、にこやかな表情ですかさず言った。「本日は、ワゴンRでまいりました」、と。ワゴンRは当時、「トヨタ・カローラ」を販売台数で上回る車種別ナンバーワンブランドを獲得したスズキの軽自動車。

すると、鈴木修は、「ホーウ、そうですか」と、よく通る声で笑顔を返す。

だが、このとき鈴木修は内心思っていた。

「天下のアサヒビールの社長が、ワゴンRには乗らんだろう。どうせ、ベンツかクラウンで来たのに違いない。調子のいいことを言いやがって、この社長はとんだタヌキだ」

二人は談笑を続け、瀬戸は、「スズキさんの宴会施設でも、ぜひ当社のスーパードライをご愛飲いただけるよう、よろしくお願いいたします」と再び深々と頭を下げた。

すると鈴木修は、「イヤー、ハハハ」と、大声を出しながら照れたような表情をつくると、体をのけ反ってみせながら、瀬戸の依頼をいなしていく。

瀬戸はブランド力の弱かった時代から、どぶ板をめぐってアサヒビールを売りまくり、営業の総大将から社長に昇りつめた人物である。片や鈴木修も、トヨタ、日産を向こうに回し、軽自動車を全国に売り歩いた、自動車業界を代表する営業マンだった。

超一級の営業マン二人によるやり取りが演じられたが、和やかな雰囲気のまま時間は過ぎる。トップセールスという場において、和やかさとは最低限のマナーなのかもしれない。

談笑が終わり、普段なら来客を一階のエントランスまで送る鈴木修だが、エレベーターの前で瀬戸を見送る。鈴木修はすぐに社長室に戻り、カーテンを少しだけ開き、「アサヒの社長はどんな車に乗っているのだろう」と、こっそりと観察した。

するとどうだろう、一台の「ワゴンR」が駐車場からゆっくりと走り出し、正門の前で一時停止すると、守衛所でサインをするために降りてきたのは、さっきまで同席していたアサヒの浜松支店長だった。瀬戸は本当にワゴンRに乗ってきたのである。

軽自動車は正門を出るとすぐに左折して、市内方面へと走り去っていった。

ワゴンRに瀬戸が乗っているという事実に、鈴木修は完全に一本とられた。

デスクの引き出しをあけて便せんとペンを引っ張り出すと、すぐに手紙をしたためる。

「守衛が「瀬戸社長はワゴンRに乗ってました」と私に注進してくれまして」と、一部〝作文〟したが、来訪のお礼と、ワゴンRを利用してくれている感謝の念を、手紙に存分に滲ませた。

それだけではない。この一件以降、鈴木は「スーパードライ」以外のビールを飲むのをやめ、スズキの施設で出すビールもアサヒに替えた。さらに全国各地で行う販売店大会などで供するビールをすべて「スーパードライ」に統一したのだ。会場のホテルがアサヒを扱っていなければ、特別にアサヒを取り寄せた。ここまでやる理由は、すごくシンプルだ。

鈴木は言った。

「日本のビール会社は、みな大手企業ばかりです。でも、浜松のウチまで足を運んでくれたのは瀬戸さんだけだから」

アサヒ社内では、この一件以降「守衛さんまで我々を見ている。営業は客先を出るまで細心の注意を払わなければならない」という戒めになっている。この考え方自体は正しい。だが、売り込みが成功した本当の理由は違う。

ひとつは瀬戸が、鈴木がいる浜松まで売り込みにいったということ。そして何より、アサヒ浜松支店、すなわち営業現場が瀬戸を「ワゴンR」に乗せるという基本的な提案をした点だった。相手が大物なほど、営業は基本に忠実でなければならない。
一方で、アサヒ社長の瀬戸がセールスの現場を動くほど、ビール商戦は熾烈を極めていたのである。

†天才マーケターの手腕

同じ頃、キリンの発泡酒開発は、遅々として進んでいなかった。

にもかかわらずキリンの佐藤安弘社長は、九七年九月の記者会見で「発泡酒を九八年早々に発売する」と発言してしまったのだ。〝口を滑らせた〟ようでもあった。

何もできていないのに、発売まで四カ月しかない。通常、新製品開発には一年は要するのに。しかし、商品をつくらなければ、消費者からも株主からも厳しく指弾されてしまう。

「もう、あの男しかいない」

九七年九月末、子会社の洋酒会社に出向していた前田仁はキリン本社に突然、呼び戻される。しかも、約五〇人が所属する商品開発部（マーケ部）の部長として。このとき四七歳。四〇代の部長はキリンのなかで前田ひとりだった。

佐藤は「一番搾り」という実績のある前田に、発泡酒開発を託したのだった。

本社に復帰したときの前田の職能資格は副理事。本来、理事にならなければライン部長には就けない決まりだったが、佐藤は人事のルールを曲げて前田を登用する。基本給も成果給も一段高い理事に前田が昇格するのは、この半年後となる。

「一番搾り」の商品化と同時に、ワイン部門へ異動させられてから数えて七年半、前田の長い雌伏の期間が終わった。

ちなみに、八六年から九七年までの一二年間で、キリンは実に四七もの新商品ビールを発売した。そのうち、現在でも販売しているのは四つ。最も売れたのが「一番搾り」、次に続くのが「ハートランド」であり、いずれも前田の作品だった(ちなみに他の二つは、期間限定の「秋味」、プレミアムビールの「ブラウマイスター」。この二つも前田を慕う部下たちが、前田が不在だった期間につくった)。

最年少部長として本社中枢に復帰した前田には、再び結果が求められた。「一番搾り」のときのような。

結局、キリン初となる発泡酒「淡麗」は九八年二月に発売され、大ヒットする。前田は大抜擢に、結果を出して応えたのだ。

当時を知るキリン関係者が解説する。

「部長の前田さんが、プレイングマネージャーとして一人ですべてやったから、短期間で商品開発できたのです。チームはありましたが、彼らは前田さんの手足でしかなかった。また、外部スタッフでも、「一番搾り」開発時と同じアートディレクターやデザイナーを前田さんは起用する。彼らは七年半の間に大御所になっていたけど、前田さんの元に集まってくれたのも成功要因でした」

また、別のキリン元幹部は指摘する。「マーケ部が発泡酒開発に苦戦していることを、前田さんは間違いなく知っていた。そこで、「自分ならこう造る」という考えを、前田さんはある程度もっていた」。

実績という名の逆転ホームランにより、天才マーケター前田は名実ともに復活。その後も健康系ビール類として初めてのヒット商品となる「淡麗グリーンラベル」、缶チューハイ「氷結」、新ジャンル「のどごし〈生〉」などキリンのヒット商品を数多く手掛け、キリンビバレッジの社長にまで上り詰める。

「半沢直樹シリーズ」のように、大組織のパワーゲームの中で、ブレることなく自身の信念を貫いた前田だったが、半沢と決定的に違うのは、対立した相手であっても前田は決して復讐をしなかった点である。

前田は後年、部下たちに次のような話をしている。

「マーケティングとは技術である。左脳の「論理」、右脳の「創造」、そして「適合」の三つの要素により成り立つ。右脳と左脳のかけ算で新商品だったり、新戦略は生まれる。ただし、新商品や新戦略といった新しいものは、既存の何かを壊すことにつながる。このため、どうしても軋轢や戦いは社内で生まれてしまう。だからこそ、適合は求められていく。戦いで反対者をやっつけるのではなく、適合という形で、対立する向きもうまく巻き込んでいくのだ。三要素のマーケティング技術により、新商品のヒット、新戦略の推進は対立を生まずになされていく」

新しい商品をつくり、新しい価値を生むマーケターは、どうしても既存勢力の標的になりやすい。既存勢力からすれば、既得権益の破壊者となってしまうから。しかも、マーケターは創造性を求められるため、自分を捨てた〝イエスマン〟にはなりにくい。

そもそも面従腹背の得意なヒットメーカーなど、どこの業界にもいないのではないか。たとえ対立した相手であっても、前田が反撃をすることはなかった。それは、前田が常に見ていたのが、社内ではなく、「お客様」だったからに他ならない。何事も受け入れ、ヒットを連発し結果を出し続けることで〝倍返し〟を果たした——。そんな私欲のない廉潔な男だったからこそ、二〇二〇年に他界してからも多くの部下や後輩たちから愛され続けているのだろう。

†競合するビールと発泡酒

一九九八年二月に発売の発泡酒「淡麗」は、年末までに三九七四万箱が売れる。販売目標の一六〇〇万箱を大きく上回っただけではなく、ビール類（ビール、発泡酒、新ジャンル）のすべてにおいて、新商品の初年度の販売記録となる。二〇二二年まで、この記録は破られていない。

九八年のキリンのビールと発泡酒の出荷量は前年比〇・五％増。微増だが、前年実績を上回るのは、九四年以来四年ぶりだった。この年のビール・発泡酒市場におけるキリンのシェアも、四〇・三％と〇・一ポイント改善する。

ただし、ビールの出荷量は前年比一七・五％減と、大きく下げてしまう。「淡麗」と「ラガー」などのビール商品とが競合してしまったためだった。

一方、発泡酒に参入していなかったアサヒのシェアは、九七年よりも一・八ポイント増の三四・二％。ただし、発泡酒を除くビールだけのシェアはキリン三八・四％に対し、アサヒは三九・五％だった。アサヒはついにビールだけの市場でシェアナンバーワンの座を奪ったのである。三社がほぼ横並びだった一九五三年以来、実に四五年ぶりの首位だった。

「発泡酒は、ビールのまがい物だ」

アサヒのトップだった瀬戸雄三は、こう主張していた。

ライバル三社が「アサヒは発泡酒を出さない」と考えた理由の一つは、ここにあった。だが、トップはいつかは代わる。そうすれば、会社の方針は変わるものだ。

もっとも、アサヒが発泡酒を商品化しないとみられる事情はほかにもあった。

発泡酒は、「スーパードライ」と同様に、発酵度を高くして醸造していたことで共通する。原材料に占める麦芽の構成比は異なるものの、タイプとしてはいずれも「キレ」のある味なのだ。

したがって、アサヒが発泡酒を投入すると、「主力のスーパードライと競合するカニバリが激しくなり、スーパードライの販売に大きく影響を与える」（当時のサントリー幹部）と読んだからだった。

しかし、日本経済は低迷を続けていた。九七年一一月には北海道拓殖銀行が実質的に破綻し、同じ月には日本最古の証券会社だった山一証券が自主廃業を発表。大学生は〝就職氷河期〟に直面。フリーターなど非正規雇用で働く若者も増加していた。それだけに、税額が安い分、価格も安い発泡酒は支持を集めていた。不景気が続くなか。消費者は安くて美味しい酒を求めていたのだ。

「まがい物」と言ったアサヒの瀬戸が社長から会長に退いたのは九九年一月。アサヒでも発泡酒の研究開発は、それなりに行われていて、同年八月には完成度の高い発泡酒の試作品ができあがる。翌二〇〇〇年一〇月には、ビールだけではなく幅広く酒類を展開していく「総合酒類化」を柱とする中期経営計画をアサヒは発表するが、そのなかに〇一年の発泡酒参入が盛り込まれていたのである（ちなみに同じ二〇〇〇年の九月、アサヒよりも少し早くキリンも「総合酒類化」を盛り込んだ中期経営計画を発表した）。

アサヒの発泡酒参入の対外発表と呼応するように、大蔵省（当時）が動き出す。

†大手ビール会社の共闘

大蔵省が、懸案だった「発泡酒の税率をビールと同じ一リットルあたり二二二円にする」ためにまた動き出したのは、二〇〇〇年の秋のことだった。

アサヒ参入が決まり、ビール大手全社が発泡酒を扱うため、税率を上げても特定メーカーを優遇することはなくなったのだ。税率を同じに、としたのは「まずは理想とする姿でやってみた」(当時の大蔵省幹部)。

ビール・発泡酒市場に占める酒税の安い発泡酒の構成比は、二〇〇〇年で二二・一%と二割を超え、ビール・発泡酒の酒税収入は二〇〇〇年度と前年一九九九度を比較すると約六〇〇億円も減っていたのだ。

大蔵省の動きに、ビール大手はそろって危機感をいだいた。その危機感が、歴史的な共闘へとつながっていく。

すでに発泡酒を生産していたキリン、サッポロ、サントリーの社長が、そろって「増税反対」を訴え、共同記者会見を開いたのである。翌年には参院選を控えていたこともあり、当時、自民党政調会長だった亀井静香が、大蔵省の主税局長を呼び出し、「ちまちました悪代官のようなことはするな」と、釘を刺す一幕もあった。

結果的に、この共同記者会見が功を奏し、増税を取りやめさせることに成功する。

しかし、大蔵省は増税をあきらめなかった。大蔵省から財務省に変わった後の、二〇〇一年の秋に、「発泡酒増税」が再び動き始める。

発泡酒増税をもくろむ財務省の動きを、ビール業界は予想していた。

〇一年秋、発泡酒「本生」を二月に発売していたアサヒも加わり、大手四社は「増税反対」で団結する。それにオリオンビールも加わり、「発泡酒の税制を考える会」が組織された。その会長には当時キリン会長になっていた佐藤安弘が就く。

もっとも、日頃は熾烈な販売競争を繰り広げる者同士、一致団結するまでスッタモンダがあった。〝キリン対アサヒ〟の積年の対立によって、互いの不信感が醸成されていたことも大きかった。互いの信頼感を築くための、水面下での調整が続いた。結果、既存組織を解体し、「考える会」の発足にこぎ着けたのは、二〇〇一年一〇月九日のことだった。翌月下旬には、自民党税制調査会において税制改正作業が始まるという、ギリギリのタイミングでの組織化だった。

†自民党の税制調査会

当時の自民党税制調査会は、現在とは違い、税については圧倒的な権力を持っていた。その主役は、「税の神様」と呼ばれた山中貞則自民党税調最高顧問だった。

一九二一年生まれの山中は、台北第二師範を卒業し、しばらく教職についた後、出征する。復員してからは、地方紙記者、鹿児島県議を経て、五三年の衆院選で初当選。山中は、ボスだった河野一郎から「大蔵で勉強しろ」と言って送り出されて以来、複雑な税制を独学で学び、「税の神様」と称されるまでになる。特に五八年、岸内閣で大蔵政務次官に就任し、物品税の大改定を実現させたことから、神様への道を歩んでいく。官僚は数年で異動するが、山中はずっと税制一筋の専門家である。そのためもあって、財務省には山中を敬愛する官僚がたくさんいた。

山中の権勢にはすさまじいものがあった。小渕恵三や小泉純一郎ら、時の総理でさえ、山中を官邸に呼びつけることができず、自分から山中事務所に足を運んでいたという。

一九六〇年代までは政府の税制調査会（政府税調）の力が、党税調よりも勝っていた。逆転したのは田中角栄内閣時代。とりわけ、中小自営業者の優遇税制でもある「みなし法人課税制度」（個人事業について、法人と類似した方法での課税を選択できる制度）導入に、田中が党税調を活用したから、とされている。七三年のことだったが、政府税調が強く反対し、当時の大蔵省主税局が難色を示したのに、田中は党税調がまとめた税制改正大綱に沿って「みなし法人課税制度」を実現させた。これがどうやら転換点だった（ちなみに、中小自営業者は自民党の支持母体である）。

八〇年代、山中が放った有名な言葉がある。「政府税調は軽視しない。無視する」。自民党税調による税支配を物語る。自民党税調は、本来、党政務調査会の一機関に過ぎない。だが、その中でも極めて大きな組織だったのは間違いない。

二〇〇一年の時点で、自民党税調には二〇〇人を超える議員が参加していた。それだけの数の議員がいても、実際に税制改正に携わるのは、ごく一握りの人間だった。具体的には、「インナー」と呼ばれた「顧問会議」のメンバーしか、税制改正に直接かかわることはできなかった。顧問会議には、山中のほか、旧大蔵省元事務次官の相沢英之党税調会長、元外相の武藤嘉文、元蔵相の林義郎ら、七人のベテラン議員が名を連ねていた。

実際の税制改正作業は、一一月下旬に始まる。

一二月中旬までの約三週間の間に、各省庁、部会などから提出された「要求項目」に、「○（受け入れ）」、「×（却下）」、「△（検討して後日報告）」、「㊐（政治的課題として検討）」と、印をつけていく。その結果、「電話帳」と呼ばれるほど、分厚い冊子ができあがる。「インナー」には議事録がなかった。また、いつ、どこで開かれているのかさえ、公開されていなかった。我が国の税制はそうした「完全な密室」で決められていたのである。

〇一年の暮れ、その「インナー」では「発泡酒増税」についても話し合われた。

「山中さん、発泡酒ですが、どうしますか？」

「アイちゃん、やってもいいよ」

山中と相沢の間で、こんな短い会話が交わされた。本来なら、発泡酒増税はこれで決定する。

†もぎ取った勝利

一方、それに待ったをかけたのが、ビール四社の経営トップだった。

それは〇一年一二月一日の夕刻だった。恵比寿ガーデンプレイスの中庭で、ビール四社の経営トップは、お揃いのハッピを着て、手ずから署名活動を行っていた。その様子はテレビのニュースだけでなくワイドショーでも紹介される。

キリン会長の佐藤安弘、九九年一月に瀬戸雄三に代わりアサヒ社長となった福地茂雄(後にNHK会長)、九九年一一月からサッポロ社長の岩間辰志、この年(〇一年)三月からサントリー社長の佐治信忠ら四人に加え、各社社員も署名集めに参加していた。

「発泡酒の税制を考える会」会長の佐藤は、日曜には各テレビ局をはしごして回った。

午前の報道番組に出演すると、「発泡酒はコーンが主原料の新しい酒です。ビールと同種同等と捉えるのはおかしい。ルールに基づいて開発した商品なのに、途中でルールを変えられていては、メーカーは技術革新への挑戦ができなくなります」と訴えた。

この頃にはインターネットの普及も始まっていた。まだ黎明期の「ネット署名」すら活用し、業界は発泡酒増税反対を世間にアピールする。その結果、またしても発泡酒増税は見送られることになった。

「税の神様」山中が「○」を付けても、増税が見送られた案件など、それまで前例がなかった。大手四社が初めて団結して発揮したパワーは、それほど強かったのである。

〇五年一二月、衆議院議員を辞めて弁護士をしていた相沢英之に、筆者は取材した。

「世論の後押しというのかなあ、あの時は難しかった」

と、相沢は振り返った。〇一年当時は、自民、公明、保守の連立政権だった。そのため、「三党の税調が一度は合意しながら、くつがえった税制改正案もあった」という。特に、公明党は発泡酒増税に反対していたという。

また、当時、高い支持率を誇っていた小泉純一郎首相は、当初より「庶民の酒」発泡酒の増税には反対とされていた。さらに小泉は経済財政諮問会議を活用して税制改革そのものを、官邸主導にしようとする動きを見せた。

与党間の調整が難航する中、インナー内での軋轢も生まれていた。当時、山中貞則と武藤嘉文の間に、ある人事を巡り対立があったという。

「山中さんは、「武藤は俺に挨拶もしなくなった」とこぼしていましたね」

と相沢は語った。

その頃、武藤はインナーの会合に参加しないことさえあったという。

「インナー」には良い面もあった。強力な権限を持つ「インナー」があったからこそ、消費税導入のような大改革を実現することができたという点である。だが、発泡酒増税の見送りを期に、「インナー」の力は弱体化していく。

二〇〇一年一二月一四日午後、「発泡酒の税制を考える会」の前線基地だった赤坂プリンスホテル（二〇一一年営業終了、解体）のスウィートルーム。会長の佐藤安弘を中心に約二〇人が、歓喜の祝宴を上げていた。

「全員が、頑張ってくれたお陰です」と佐藤が労うと、拍手が湧いた。

冷蔵庫には各社の発泡酒が冷やされていて、乾杯して肩を組んで喜びを分かち合う。キリンやアサヒ、サッポロ、サントリーといった別はない。共闘し、もぎ取った勝利を祝福し合った。この日発表された二〇〇二年度税制改正大綱に、「発泡酒増税」は盛り込まれなかった。自民税調会長だった相沢は公明、保守両党との合意を優先し、自民党単独での大綱とりまとめを初めて見送ったのだ。

ビールという、自動車や電機から比べれば小さな業界が結託し、国家権力に立ち向かった歴史の一幕だった。が、祝宴はどうやらこれが最後となる。

第六章　ビールのこれから

†「単純明快なアサヒが、複雑怪奇なキリンに勝った」

アサヒが二〇〇一年二月に発売した発泡酒「本生」は大ヒットした。年末までの初年度販売数量は三九〇〇万箱と、「淡麗」初年度に匹敵する販売量を記録する。ただ、「淡麗」が「一番搾り」と競合したように、「本生」によって「スーパードライ」の販売量が落ちてしまう現象もあった。

この「本生」のヒットは、キリンVS.アサヒの戦いに決定的な影響を及ぼした。この年、ビール・発泡酒の総市場で、アサヒはついにキリンを抜き、首位に立ったのだ。実に四八年ぶりとなる、ビール業界の首位逆転劇だった。シェアはアサヒ三八・七％（前年は三五・五％）に対し、キリンは三五・八％（同三八・四％）だった。

この逆転劇を、キリンのある首脳はこう評した。

「単純明快なアサヒが、複雑怪奇なキリンに勝った」

瀬戸は〇二年四月二日の筆者の取材に対し、次のように話した。

「商品力がまだ強かった「ラガー」を、キリンが九六年に熱処理ビールから生ビールに変えたためです。キリンの敵失に助けられた。これはサッポロの黒ラベルの終売（八九年二月。同年九月に復活）の時も同じでした」

企業間競争とは巨大な団体戦である。戦力の優劣だけではなく、敵失が流れを一気に変えてしまう。また、子会社のニッカウヰスキー出身で、二〇二一年からアサヒグループホールディングス社長を務める勝木敦志はこう語る。

「ビール商戦が過熱した一九九〇年代後半、アサヒは中途採用を積極的に行いました。設備はお金で買えても人はそうはいきません。特に営業マンがいなければどうにもならない。

バブル崩壊の影響もあって、特に九七年以降、証券会社や銀行、保険会社が相次ぎ破綻していきます。その結果、優秀な人材を採用しやすい環境になったのです。そうした中途採用社員によって、アサヒには自然とダイバーシティ（多様性）の文化が醸成されていったのです」

日本中に衝撃を与えた、「首位交代劇」の直前、キリン社長の荒蒔康一郎《あらまきこういちろう》は「次の一手」に動いていた。すでに〇一年商戦の趨勢が見えた〇一年一一月、荒蒔は「新キリン宣言」を社内向けに発表する。その中で、「これからはアサヒではなくお客様を見よう」「自分たちの原点に立ち戻ろう」と呼びかけていた。そこには、リベートに頼った過度のシェア競争を繰り広げたことで、逆に首位を奪われてしまったことへの反省がこめられていた。

このとき二〇代だった若手営業マンは、後に次のように話した。

「トップ企業でなくなるのは悔しかった。しかし、社長が指針を出してくれ救われた。これからは、シェアではなく利益を重視するのだと思った」

同じく三〇代前半だった女性営業マンは言う。

「二位に後退してショックだった一方、実は安堵した。当時は月末になると、卸にお願いしてビールと発泡酒をたくさん買ってもらっていた。つまり、お金（リベート）を使って〝押し込み〟をしていた。流通在庫は膨らむが、一時的にシェアを上げられた。サラリーマンの給料が出た後の月末は、小売の店頭で売り場を工夫する提案をするなど、営業としてやるべき仕事が本当はあったのに、できなかった。

新キリン宣言が出て、こうした意味のない仕事から解放された。アサヒではなく、これからは消費者を見て仕事をしていくんだと思った」

†値下げが招いた増税

日本中が日韓共催のFIFAワールドカップに沸いていた二〇〇二年六月、アサヒは発泡酒「本生」三五〇ミリリットル缶の希望小売価格を一〇円値下げして一三五円とした。前年発売の発泡酒「本生」はアサヒにとって、一九八七年発売の「スーパードライ」以来のヒット商品になった。〇一年はキリン「淡麗」の販売量六六九〇万箱に次ぐ、三九〇〇万箱を売り上げて発泡酒ブランド二位だった。

〇二年二月、キリンは発泡酒の新製品「極生」を通常より一〇円安い一缶一三五円で発売した。安く発売できたのは、「販売奨励金（リベート）を一切出さない、テレビCMを流さない、缶や箱を簡素化した」（当時のキリン幹部）ためだった。

しかし、アサヒは「キリンが値下げに動く。「淡麗」をきっと一〇円値下げする」と読んでいた。アサヒ内部では、マーケ部が「せっかくヒットした「本生」のブランド価値が下がる」と値下げに猛反対した。これに対し主流である営業部は「キリンに再逆転を許すわけにはいかない」と主張した。

駅伝でもマラソンでも、先行ランナーに追いついた場合、一気に抜き去るのが常道。相手の闘争心を削ぐことができるからだ。しかし、引き離すことができず、食らいつかれて併走することになると、逆に追いついたランナーの志気が喪失してしまう。果たして、アサヒは値下げし、他の三社も追随して主力の発泡酒を相次いで一〇円値下げする。

年初には一一〇円前後だったスーパーやディスカウントストアでの発泡酒の店頭価格は、六月になると実質的に一〇〇円を切る店も現れた。まさに真夏の白兵戦であり、消耗戦だった。安売りを支えたのは、メーカーのリベートだったが、値下げにより各社の利益は飛んでいった。

そして、相次ぐ値下げは増税する口実を与えてしまう。ビール業界は二〇〇一年の年末に「発泡酒増税反対」で一致団結。四社の経営者が街頭で署名活動などを行った。〝税の神様〟と称された自民党税制調査会最高顧問の山中貞則が存命だった時代に、二年連続して発泡酒増税を阻止したこと自体、ほぼ前例のないことだった。〇二年末も四社は共闘したものの、〇三年五月に発泡酒三五〇ミリリットル缶で一〇円増税される。

新ジャンル（第三のビール）戦争と酒税

二〇〇一年にアサヒに抜かれて二位となったキリンだが、二〇〇五年に勃発した「新ジャンル（第三のビール）戦争」では、圧勝する。

〇三年九月、サッポロが新ジャンル「ドラフトワン」を北部九州四県で発売し、〇四年二月には全国発売した。この時点で、キリンは〇五年春に新ジャンルの発売を決定する。「ドラフトワンはよくできている。安価でよくできていれば、お客様から支持される」と判断したのだ。

対するアサヒは「〇四年年末の（〇五年度）税制改正の行方を見てからにしよう」と、正式決定を先延ばしにしたのだった。政府の税制改正により、新ジャンルが増税されるなら、投入するメリットはあまりない。

そして、二〇〇四年末の〇五年度税制改正案で議論の俎上にはのぼったものの、この年の、新ジャンル増税は見送られた。なぜか。

理由は、先発メーカーですでに商品を出していたサッポロが、水面下でロビー活動を展開したためだった。新ジャンル増税を推進していた政府税調に質問状を送付し、財務省や関係する国会議員と面談して説得して歩いたのだ。二〇〇〇年から三年間続いた業界を挙げての「発泡酒増税反対」運動を通し、サッポロは霞ヶ関にも、永田町にも〝土地勘〟をもつようになっていた。サッポロの動きを、アサヒもキリンも知らなかった。

「(ロビー活動は)初めての経験でしたが、やらざるを得なかった。財務省は本気でした。また、関係する議員先生にも「増税すれば狙い撃ちですよ。不公平じゃないですか」とお話ししました」(当時のサッポロ首脳)

一方、当時の財務省幹部は「発泡酒増税の時は業界と敵対しましたが、新ジャンルの時には話し合いの場を持ち、メーカーの意見を聞きました」と裏事情を話す。

ビール類は他の酒類と比べ、消費量が多く、税率も高い。このため担税率が大きく、財務省はマークせざるを得ない側面がある。

ちなみに、サッポロは〝節税〟を狙って「ドラフトワン」を商品化したわけではない。本来は、〝苦さ〟を抑えたビール系飲料をつくろうと、企画したのだった。

着想したのは、サッポロの当時の技術者、柏田修作。正規の研究開発ではなく、柏田が個人で始めた〝闇研究〟としてつくりあげたのである。焼津の研究所で、本来は部下ではない若手研究者を勝手に使い、所員を巻き込み、四年弱で形にした。

二〇代の若者や女性は、缶チューハイやカクテルなどの甘くて飲みやすい酒に流れていた。彼ら彼女らがビール・発泡酒を敬遠する理由は「苦さ」にあると柏田は考えた。苦さはホップと麦芽に由来していた。ホップは投入量を減らすなど調整は可能だが、麦芽は難しい。「それならば、麦芽を一切使わないビールテイスト飲料をつくれば、若者に支持される」というのが、柏田が開発に取り組んだ動機だった。

さて、アサヒ社内には「発泡酒ナンバーワンのキリンは、（新ジャンルには）出てこない」という読みが強かった。新ジャンルを出すということは、ビールよりも小売価格が安い発泡酒の販売に影響を与えるからだ。

ところがキリンは早期に決断して準備を整え、二〇〇五年四月六日、「のどごし」を発売する。「のどごし」はヒットし、「ドラフトワン」を抜き、すぐに新ジャンルナンバーワンとなった。

一方のアサヒも〇五年四月二〇日、新商品「新生」を投入したが、出遅れによる準備不足が響き〝不発〟に終わる。発売当初こそ爆発的に売れたものの、すぐに生産対応ができなくなって、欠品してしまったことが原因だった。

この結果、最大で五％程度のシェア差がついた両社の距離は、一気に縮まる。〇六年上半期（一〜六月）にはキリンがアサヒを抜き再逆転。それでも一二月までの通期ではアサヒが首位を死守した。なお、新ジャンルには麦芽を使わない「豆系」と、麦芽を使いスピリッツを加えた「麦系」がある。ただし、税率は同じ。二〇二三年一〇月には新ジャンルという区分はなくなる。

†税制上は、新ジャンル（第三のビール）消滅

〇五年末の〇六年度税制改正では、新ジャンルの増税が焦点となる。業界は「ビールの減税」は協調して訴えたが、新ジャンルについては個別のロビー活動で対応した。四社のポートフォリオは違い、利害が異なっていたことが大きかったが、酒税改正は決まる。

三五〇ミリリットルあたり、新ジャンルは三円八〇銭増税されて二八円に。同じくビールは七〇銭と小幅に減税されて七七円に。発泡酒は四六円九九銭のまま変わらなかった。

「最初にビールの減税を決めた後、新ジャンルの増税幅が決まった」（当時のビールメーカー幹部）そうだが、〇六年五月に増減税が実行された。

二〇〇六年度酒税改正案では、ビールや日本酒、焼酎など一〇種類以上あった酒類の分類を四分類に再編したことが特徴だった。四分類とは、ビール類や缶チューハイなどRTDの①「発泡性酒類」。日本酒とワインの②「醸造酒類」。焼酎やウイスキーなどの③「蒸溜酒類」。リキュール、みりん、合成酒類の④「混成酒類」。財務省は、この四つの分類内での税率格差を、将来的に是正していく方針を示したのだ。

同年五月に増減税が実施されてから、ビール類の税額は二〇二〇年九月まで変わらなかった。少なくとも、一九八〇年代以降で、これほど長期にビール類の酒税改正がないのは珍しい。だが、二〇一六年末の一七年度税制改正により、ビール、発泡酒、新ジャンルと三層あるビール類の税額は、二六年一〇月までに段階的に統一することが決まる。

二〇年九月までは、三五〇ミリリットルあたりの税額で、ビール（税額七七円）と新ジャンル（税額二八円）には、三倍近い開きがあった。これが二〇年一〇月に、ビールは七円減税され、新ジャンルは九円八〇銭増税された。

二三年一〇月には、ビールが六円六五銭減税されて六三円三五銭に、新ジャンルは九円一九銭増税され発泡酒と同額の四六円九九銭になる。この段階で「新ジャンル」という区分はなくなり、ビールと発泡酒だけになる。

ビール類の酒税推移

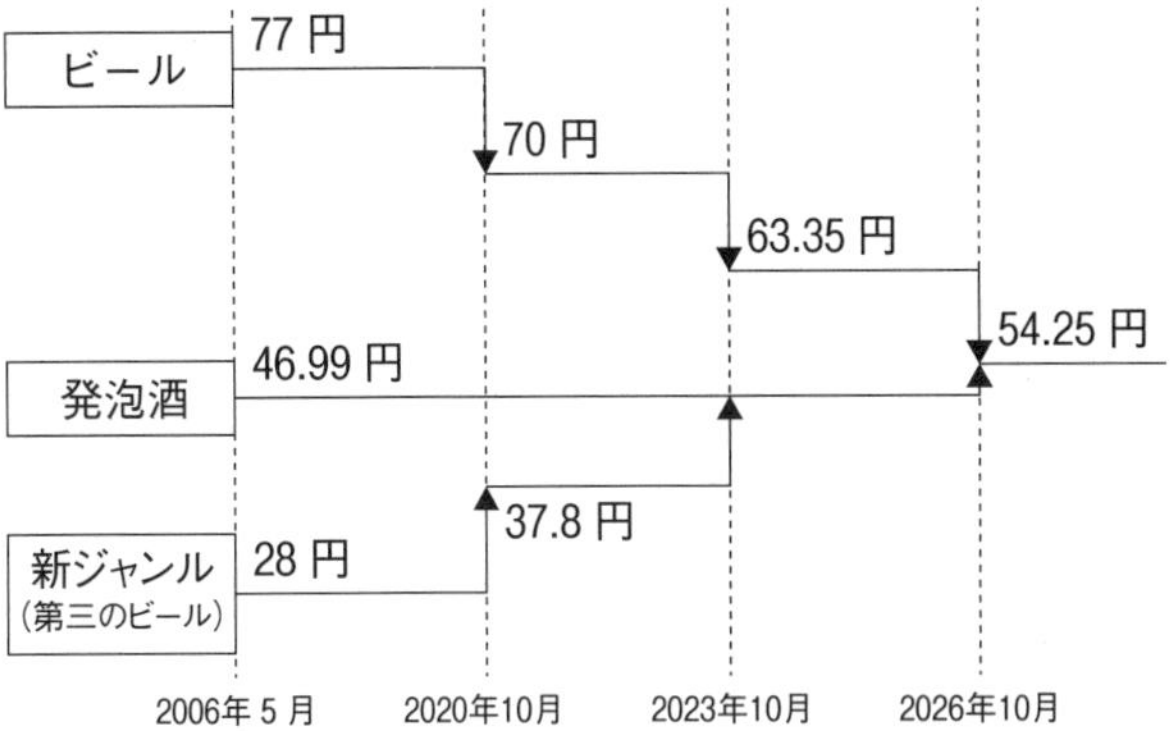

税額はすべて350ml あたり

「いわゆる新ジャンルは、定義上は発泡酒になる」（財務省）

　最終的には二六年一〇月に、ビールは九円一〇銭減税され、発泡酒は七円二六銭増税され、五四円二五銭で統一されていく。一九九四年にサントリーが発泡酒を商品化して以来、発泡性酒類の税額統一は財務省主税局にとっての悲願だった。

　その一方で、缶チューハイなどのＲＴＤは〇六年改正時の二八円のまま据え置かれ、二〇二六年一〇月に七円増税され三五円となる。が、この時点でビール・発泡酒よりも一九円二五銭安くなる。

　一七年度税制改正では、ビールの定義も見直された。従来ビールに占める麦芽の構成比は

「六七%以上」と定義されてきたが（残りは米やコーンなど副原料）、一八年四月から「五〇%以上」に緩和され、副原料として果実やハーブの使用も認められた。

†シュリンクする市場

ビール類市場は縮小へと転じている。二〇〇二年以降、新ジャンルをサッポロが全国発売し、サントリーも参入した〇四年を除き、二一年まで毎年減少を続けているのだ。コロナ禍で低迷していた外食・飲食市場がやや賑わいを取り戻した二二年のビール類市場は、前年比二・五%増の三億三九一四万箱で着地したと推定される。ビール類市場が前年を上回ったのは実に一八年ぶり。

すでに見たように、一九九〇年のビールの市場規模は出荷数ベースでは、五億一二九三万二〇〇〇箱となり、ビール市場は初めて五億箱の大台に乗る。そして、ビール類の市場のピークは九四年。オリオンを除く大手四社の市場規模は出荷ベースで五億六八〇六万箱あった。

一九九五年から四社が発泡酒値下げを行う前年の二〇〇一年までの七年間のビール類の減少数（出荷量ベース）は、一〇一一万箱。年平均にすると毎年約一四四万箱が減っているが、発泡酒値下げがあった〇二年からの減少幅はさらに大きく、まるで急な坂道を転がるように減少する。〇二年から一八年まで、一七年間の減少幅は、一億六七九五万箱。年平均では毎年約九八八万箱が減り、減少幅は六・七倍に跳ね上がった。特に、〇二年六月は初めて発泡酒が前年同月で減少した月だった。

店頭価格下落に、消費者は「価値の低いもの」と捉えるようになっていったのかもしれない。「安ければ売れる」という経験則は通用しなくなり、メーカーの価格戦略による販売量の拡大ができなくなった。

本当は〇二年の時点で、量を追うだけではなく、価値を追求する戦略が求められていたのかもしれない。だが、装置産業の代表格であるビール産業には、工場の稼働率を上げることが、当時はまだ最重要だった。

RTD市場の拡大も、ビール市場を縮小させる要因となっているのは明らかだろう。RTDはこの二〇年程で約四・六倍に成長しているからだ。

キリンは、〇一年に発売した缶チューハイ「氷結」がヒット。〇二年には缶チューハイなどRTDのナンバーワン・ブランドになった。氷結はベース酒にそれまでの甲類焼酎ではなく、ウオッカを使ったのが特徴である。「氷結」の登場以降、ライバル社が発売する

ＲＴＤの多くはウオッカベースに変わっていったのだから。

〇二年のＲＴＤ販売量は三五万キロリットル、〇五年は六二万キロリットル、そして二二年は約一六三万キロリットルの規模となった。

†多様化時代のビール文化

ビールが熱かった八〇年代後半から二〇〇〇年代の前半までとは、もう時代が違う。もはや、ビールは量を追うのではなく、価値を追う形に変わっていく。工場も、単品大量生産型ではなく、柔軟に多品種を少量つくり分けるものへとシフトしていく。新たなビール文化が、醸成されていくのは間違いない。

ビール市場は一九九四年を一〇〇とすると、二〇二二年は五九％の規模にまで縮小している。二二年のビール類市場（四社合計販売量）は約四二九万キロリットル（三億三九一四万箱）だが、ＲＴＤを合算すると五九二万キロリットルとなり、「スーパードライ」発売の翌年（八八年）のビール市場の五七〇万キロリットルを上回るという計算もできる。つまり、ＲＴＤとビール類を合算して「発泡性低アルコール市場」と捉えるならば、それほどへこんでいるわけではない。

コロナ禍前の二〇一九年の四社の販売数量は、合計で三億八四五八万箱だった。つまり一九九四年のオリオンを除く四社の出荷数量と二〇一九年の販売数量との差では、一億八三二七万箱が減ったことになる。コロナ禍が直撃した飲食店向けの業務用市場だが、需要が戻り始めた二二年は、一八年ぶりに前年を超えた。

日本の戦後経済史にその名を残すアサヒの大ヒット商品「スーパードライ」の販売数量は、二〇〇〇年には一億九一七〇万箱と二億箱近かったが、一七年に一億箱を割っていた。コロナ禍という特殊事情のなか、発売から三五年目の二二年に、初めてのリニューアルを実行し、二二年の販売量は六八八八万箱だった。これは前年比一三・二%増と二桁の伸びである。

果たして今後のビール市場がどういう有り様に落ち着くのか予測しにくいが、二〇二三年一月、ビール四社の社長は判で押したように同じ発言をした。

「ビールに力を入れていく」

発泡酒、新ジャンル、ＲＤＴを含めたビール類のなかで、これからもビールが商戦の中心になるのは間違いない。ビールが二三年一〇月、二六年一〇月と減税されていくことも、それを後押しするだろう。

とはいえ、原材料やパッケージを工夫した安価な発泡酒も引き続き出回っていく。エコノミーな商品へのニーズは、少なからずあるから。この分野はPBが中心となっていくはずだ。

もうひとつ、大きな出来事だったのは、二〇〇九年七月に浮上した「キリン・サントリーの経営統合」計画だ。「経営統合により国内で圧倒的な強さをもち、海外に打って出る」（当時の佐治信忠サントリーホールディングス社長、現会長）のが、キリンとサントリーが共有したシナリオだった。国内の少子高齢化と人口減少に歯止めがかからないだけに、海外に活路を求める必要があったのだ。

もっとも、この一〇三年前の一九〇六年、日本麦酒、札幌麦酒、大阪麦酒の三社が合併して大日本麦酒が設立されたとき、社長だった馬越恭平は「国内での同業者間の競争を避け、海外に向かって販路を拡張する」と、同じことを訴えていた。時代背景は違うが、向かうべき方向は同じだったわけで、歴史は繰り返した。

二〇〇九年は、「一番搾り」を三月にリニューアルしたキリンがアサヒを抑えて九年ぶりにトップに返り咲く。しかし、肝心の経営統合は、統合比率をめぐって折り合いがつかず、一〇年二月に破談してしまう。一〇年はアサヒがキリンを再逆転。一九年まで首位に立ち続ける。コロナ禍が始まった二〇年に、もともと家庭用に強いキリンが一一年ぶりに首位を奪還。しかしコロナ禍が収束し始めた二二年、僅差でアサヒが首位を奪還した。

†インディアンペールエール

「ソラチエースは素晴らしい。僕は大好きだ」

「そうか……。ありがとう」

「クラフトビールにマッチする個性的なホップだ。ギャレット・オリバーが認めて採用しただけのことはある。そもそも、大麦やホップなどの原材料まで開発するビール会社なんて、世界でサッポロぐらいではないか。凄いよ」

「うん……」

二〇一三年秋、新学期がスタートしたミュンヘン工科大学のキャンパス。サッポロビールのエンジニアで、留学を始めたばかりの新井健司は「ソラチエース」について何度となく話しかけられていた。アメリカからの留学生からは英語で、ドイツ人学生や研究者からはドイツ語で。最初は、「みんなサッポロとソラチとを、きっと混同している。札幌も空知も北海道の地名だから」と、勝手に解釈していた。しかし、どうやら違う。クラフトビールの伝説的な醸造家であるブルックリン・ブルワリー（米国ニューヨーク市）のギャレット・オリバーといった固有名詞が出てくるくらいだから。

そこで、日本で所属していた研究部門にメールで問い合わせたところ、「ソラチエース」とはサッポロが開発したホップであることが、ようやく分かった。サッポロの社内でも誰もが知る存在ではないホップの名を、醸造を学ぶため世界からミュンヘンに集まった研究者や学生の多くが、知っていたのだ。しかも、素直に評価してくれている。

「こんなことって、あるのか……」。もはや驚くしかなかった。

川崎市出身の新井は、東京大学農学部を卒業し同大学院で酵素学を修めて二〇〇七年に入社。研究所や工場の醸造技術分野を歩み入社七年目の一三年秋から、ミュンヘン工大に留学。期間は一年間、会社から派遣されたのだ。

本書の復習もかねて述べると、クラフトビールは上面発酵で醸造される「エール」が多い（もちろん「ラガー」のクラフトビールもある）。二〇℃前後の常温で発酵し、最終的に酵母は上面に浮かぶ。ラガーに比べ香りは華やかで、発酵期間はラガーより短い。一九世紀後半に、リンデが冷却技術を開発する前は、ビールの多くはエールだった。

ペールエールは上面発酵の代表であり、フルーティな味わいなのが特徴。イギリスが発祥のペールエールを一八世紀に、植民地だったインドまで遥々と運ぶために開発されたのがＩＰＡ（インディアン・ペールエール）。防腐のためにホップをふんだんに使い苦味が強いのが特徴だ。

このほか、小麦麦芽を使うヴァイツェン、ローストした麦芽のスタウト、チェリーなど果実に漬け込んだフルーツビールなどなど、クラフトビールは多士《たし》済々《せいせい》。同じＩＰＡでも、醸造所によって味わいは異なる。醸造の職人（クラフトマン）が前面に出て、小さな設備で多品種少量でつくられる。最新設備により、主にピルスナータイプを少品種大量生産する大手のビールとは違うところだ。

それはともかく、現在のＩＰＡの原型をつくったのは、ブルックリン・ブルワリーの醸造責任者、ギャレット・オリバーである。カリスマ醸造家であるギャレット・オリバーは、どうやってサッポロのソラチエースと出会ったのか。

†ソラチエースの遅れてきた評価

サッポロビールが開発したホップ、ソラチエースは一九八四年に誕生した。開拓使麦酒醸造所の創業時から、サッポロはホップの育種・研究を行っていて、その一つがソラチエースだった。

育種したのはサッポロの元技術者、荒井康則。

現在「SORACHI 1984ブリューイングデザイナー」の肩書きをもつ新井健司は、ソラチエースについて次のように説明する。

「苦くて香り高いのが特徴。具体的には、ヒノキや松、レモングラス、ディル（魚料理に使うハーブ）を想起させる重層的な香りを醸し、余韻はココナッツのような甘い香りとなる。ベタベタせずに最後は、さわやかに抜けていく。日本生まれのフレーバーホップとして世界のクラフトビール界で評価されています」

北海道空知郡上富良野町にある同社の研究所にて、品種開発がスタートしたのは一九七四年。一〇年に及ぶ奮闘により世に出たものの、ソラチエースが日本で脚光を浴びることはなかった。

活躍の場を見出せないまま、ソラチエースは一九九四年にアメリカに渡る。日本のプロ野球で芽が出なかった選手が、大リーグに挑戦するように。

キーマンになったのは、サッポロの研究者・糸賀裕。八〇年代、チェコのザーツホップがウイルス被害に遭ったとき、サッポロの独自技術によりこれを救ったが、この支援を主導したのは糸賀だった。個性的なアロマホップであるソラチエースの可能性を信じていた糸賀は、人的なネットワークによりオレゴン州立大学に持ち込んだのだった。

しかし、すぐに認められたわけではない。渡米から八年後の二〇〇二年、ワシントン州のホップ農家のマネージャー、ダレン・ガメッシュが埋もれていたソラチエースを見出したのである。それから五年ほどが経過し、ガメッシュは〇七年頃から全米のクラフトビールメーカーにソラチエースを紹介する。すると、上質な苦みと強い香りの高苦味アロマホップとして、有力なクラフトビールメーカーが次々に採用していく。

その一つが、ニューヨークのブルックリン・ブルワリーであり、ブリューマスター（醸造責任者）を務めるギャレット・オリバーが、その個性溢れる日本発・アメリカ産のホップを世界へと広めていった。「ブルックリン　ソラチエース」という製品を通して。

ソラチエースはこうして、サッポロ社内では社員でさえ知らないのに、欧米のクラフトビールをはじめとするビール関係者の多くが知る存在となっていった。現実にアメリカを中心に世界のクラフトビールを支えるホップになっていく。

†クラフトビールの可能性

二〇一六年にキリンはブルックリンと資本提携。一八年一〇月、日本国内でキリンとブルックリンの合弁会社が「ブルックリン　ソラチエース」を北海道で先行発売し、翌年二月には全国発売に切りかえた。

サッポロは一九年四月から、「イノベーティブブリュワー　ソラチ1984」を先行発売した。さらに、茨城県の有名クラフトブルワリー「木内酒造合資会社」(那珂市)は、二社よりも早く「常陸野ネストビールＮＩＰＰＯＮＩＡ（ニッポニア）」をすでに一〇年六月に発売していた。いずれの商品も、アメリカ産ソラチエースが使用されている。ちなみに、サッポロはその生産量から、アメリカならばクルフトビールのカテゴリーに入る。

アメリカのクラフトビールのパイオニアは、サンフランシスコのアンカー・ブルーイング社と言われている。一九世紀にドイツ人醸造家によって創業。経営危機に陥り一九六五年にフリッツ・ルイス・メイタグ三世に買収される。洗濯機メーカーの創業者の孫でもあるメイタグこそが、米クラフトビールのパイオニア的な存在とされる。

バドワイザーやクアーズなどのアメリカを代表するメガブランドは、副原料を使ったいわゆる軽快な味わい。これに対し、メイタグのアンカー社は麦芽一〇〇%ビールだった。ローストした麦の甘みが特徴の「アンカースチーム」をフラッグシップとするアンカー社を二〇一七年に買収したのが、サッポロだった。

アメリカのクラフトビールは、一九七〇年代半ばには五〇社ほどだったが、八〇年代から九〇年代にかけて、一気に拡大していく。拡大の背景には二つの法改正があった。

一つは、七六年の小規模生産者に対する減税。もう一つは、七九年のホームブルーイング(家庭でのビール製造)解禁だった。禁酒法の名残から違法とされていたホームブルーイングが、合法化されたのである。AP通信の元記者で中東特派員をしていたスティーブ・ヒンディも、元はホームブルワー。彼がブルックリン・ブルワリーを創業したのは一九八八年だった。

メイタグがクラフト第一世代に対し、ヒンディは第二世代と位置づけられよう。クラフトの拡大に目をつけたのが、サッポロの糸賀だった。アメリカに有望なホップの苗を送り込んだのだから。

ところがだ。九六年からアメリカのクラフトビールは失速してしまう。急成長の反動(つまりはクラフトバブルの崩壊)、さらには大手による流通への圧力があったことなどが、その原因だった。

バドワイザーで知られる当時のアンハイザー・ブッシュ（現在のABインベブ）を率いていたオーガスト・ブッシュ三世は、それまでの静観姿勢を一転させ、クラフトビールを封じ込めるように強烈に動いた。

九〇年代後半に混乱と淘汰があったが、二〇〇〇年代の半ばになると、クラフトビールは再び成長軌道を描いていく。

それまで大手のビールを扱っていた卸業者がクラフトを扱うようになったことなどが理由だった。〇八年にはアンハイザー・ブッシュが、ベルギーのインベブに五二〇億ドルで買収されてしまいABインベブとなる。「カリスマ経営者のブッシュ三世に対し、子息のブッシュ四世には経営の資質がなかった。事業承継ができないことが、五兆円規模のM&Aにつながった。また、ブッシュ家が離れたことでABインベブは投資会社のようになり、モノづくりへのこだわりも希薄になった」（日本のビール会社首脳）と指摘されている。

ナショナルブランドの停滞が、クラフトビールを二〇〇〇年代半ばから押し上げた要因の一つだった。

また、メガブランドが伸び悩んだのは、消費者から〝飽きられた〟ことも大きい。生活者のライフスタイルの変化から個性を求める層が増え、こうした層がクラフトビールを手に取った。アメリカ社会の多様化が、後押しした側面はあったろう。

二〇一六年には、世界一位のABインベブは同二位のSABミラー（イギリス）を七九〇億ポンド（約一〇兆一〇〇〇億円）で買収し、巨大ビール会社が誕生した。

ソラチエースが紆余曲折の末、全米の醸造家たちに認められていったのは、クラフトの再成長が始まり、さらに多様性が商品に求められるようになった背景があった。

だが、クラフトビールそのものも、今なお揺れ動いている。浮沈は絶えないし、醸造所が合併するなどで、定義から外れるケースもある。

コロナ禍前の一八年、全米のクラフトビールは約七〇〇〇社を数え、数量では米ビール市場の約一三％を占めた。金額ベースでは二四％程度（一七年）だった。

これに対し、二〇二二年におけるクラフトビールの数量による市場全体のシェアは、前年比〇・一ポイント増の一三・二％。生産量は前年より五〇万バレル減少し二四三〇万バレル。数字からは、シェアも生産量も伸び悩んでしまっている現状が浮き上がる。それでも、アメリカのクラフトビールは、量から価値への転換を図る日本のビールメーカーにとっての先行指標である。

アサヒは二〇一〇年代に世界でM&Aを繰り返し、欧州や豪州のビール会社を傘下に収めた。この結果、二〇二二年末で海外売上比率が約五二%としている。具体的には二〇一六年に西欧で約二九〇〇億円、一七年に中東欧で約八七〇〇億円を投じて複数のビール会社を買収。そして二〇年には豪州でも約一兆一四〇〇億円で豪州最大手のビール会社「カールトン&ユナイテッド・ブリュワリーズ(CUB)」を買収した。これらはみな、世界最大手のABインベブから買ったもの。

実はCUBは、一九九〇年代に樋口が投資して失敗したフォスターズの一部に当たる。アサヒが手を引いた後、フォスターズはワイン事業とビール事業を分離したが、ビール事業がCUBである。やがてCUBをSABミラーが買収し、SABミラーをABインベブが買収。そして、CUBをアサヒが買収した。「スーパードライを世界ブランドにしていく」野望をアサヒは持ち続けている。

キリンはクラフトビール事業を進めている。クラフトビールを展開するスプリングバレーブルワリー(本社は東京都渋谷区)を設立させ、渋谷区代官山と京都に小規模醸造施設を併設するレストランを運営。米豪ではそれぞれクラフトビール会社を買収した。その一方で、発酵・バイオ技術をベースに独自に発見したプラズマ乳酸菌事業を展開中だ。人の免疫細胞には会社と同じように上下関係があり、指示命令する〝部長〟に当たる立場の「プラズマサイトイド樹状細胞（pDC）」がいる。プラズマ乳酸菌は、pDCを活性化させる特性をもつ。キリングループの清涼飲料やヨーグルトに使うだけでなく、国内外の食品や医薬メーカーに素材として広く提供している。サントリーは二三年春、「サントリー生ビール」を発売した。同年一〇月、二六年一〇月の酒税改正をにらんで、酒税が安くなるビールで勝負を賭けた格好だ。

日本のビール四社は、これまでのビール・発泡酒や新ジャンルで培った醸造技術を生かし、価値の高いビール、さらに新しい事業を世に出していくだろう。既存のメインブランドのブラッシュアップはもちろん、クラフトビールのような少量多品種の展開も予想の範囲である。売価は高くとも、消費者から深く支持される商品が求められている。

資料　ビールと発泡酒・新ジャンルの発売年表

1985〜2022年。商品名の（　）は限定品。業務用の樽だけ限定品は除く

	アサヒ	キリン
1985年	ラスタマイルド	NEWS BEER キリンビールライト
1986年		エクスポート ハートランド
1987年	100%モルト （スーパードライ） クアーズ	
1988年	クアーズライト バスペールエール	ドライ ファインモルト ハーフ＆ハーフ
1989年	デアレーベンブロイ スーパーイースト スタインラガー	モルトドライ ファインドラフト ファインピルスナー クール
1990年		マイルドラガー 一番搾り
1991年	Z ほろにが スーパープレミアム 特選素材	プレミアム （浜きりん） 秋味 キリンドラフトビール工場
1992年	ワイルドビート フォスターラガー （福島麦酒） オリジナルエール6 正月麦酒	ゴールデンビター （さきたま便り） （名古屋工場） （コープランド） （関西風味） （みちのくホップ紀行）

サッポロ	サントリー
Next One (クラシック) ワイツェン	
(クオリティ) (アワーズ)	モルツ カールスバーグ
ブラック エーデルピルス	
生ビール★ドライ モルト100 オンザロック 冬物語	ドライ ドライ5.5
ドラフト エクストラドライ ハーディ (白夜物語) クールドライ サッポロビール園	冴
北海道	純生 ジアス ビアヌーボー1990
吟仕込	ビア吟醸 ビアヌーボー1991夏 (千都物語) ビアヌーボー秋冬醸造
シングルモルト ハイラガー 焙煎生	ライツ 吟生 夏の生

	アサヒ	キリン
1993年	ピュアゴールド （名古屋麦酒） （江戸前）	日本ブレンド （北海道限定生ビール） （北陸づくり） （ブラウマイスター） 冬仕立て
1994年	（博多蔵出し生） （生一丁） （収穫祭）	シャウト （京都1497） アイスビール （北のきりん）
1995年	（みちのく淡生） （道産の生） ダブル酵母生ビール ミラースペシャル 黒生	春咲き生 （ビアっこ生） （九州麦酒のどごし〈生〉） （でらうま） （太陽と風のビール） （四国丸飲み〈生〉） （じょんのび） （広島じゃけん〈生〉） ラガーウィンタークラブ
1996年	（赤の生） （四国麦酒きりっと生） 食彩麦酒 ファーストレディ	（自由時間のビール） （なめらか〈生〉） ビール工場 黒ビール ハーフ＆ハーフ
1997年	REDS（レッズ）	ビール職人 LA 2.5
1998年	ダンク （四国工場蔵出し生）	（神戸ビール） ヨーロッパ

サッポロ	サントリー
(札幌麦酒醸造所) カロリーハーフ 初摘みホップ	ダイナミック カールスバーグドラフト
味わい工房1994 蔵出し生ビール (北陸限定出荷) (名古屋仕込み) (九州づくり) (夏づくり—アイス醸造) (手摘みホップ)	氷点貯蔵〈生〉 ホップス〈生〉(発泡酒)
(東北限定醸造「麦酒物語」) 味わい工房1995 生粋 ザ・ドラフティー(発泡酒)	ブルー (横浜中華街) サーフサイド 秋が香るビール 鍋の季節の生ビール
春がきた 夏の海岸物語 ドラフティブラック〈黒生〉(発泡酒)	春一番生ビール 大地と太陽の恵み とっておき果実のお酒 夕涼み Half & Half スーパーホップス(発泡酒)
スーパースター	春一番 ビターズ うま辛口
(浩養園生ビール) 気分爽快〈生〉	麦の贅沢 小麦でつくったホワイトビール

	アサヒ	キリン
1998年		一番搾り黒生ビール 淡麗〈生〉（発泡酒）
1999年	ビアウォーター ファーストレディシルキー 富士山 WILL スムースビア	ラガースペシャルライト ヨーロッパ（第２弾） X'mas ウィーンビア
2000年	スーパーモルト WILL スウィートブラウン	オールモルトビール〈素材厳選〉 21世紀ビール クリアブリュー（発泡酒）
2001年	本生（発泡酒） WILL ビーフリー（発泡酒）	KB クラシックラガー 常夏〈生〉 白麒麟（発泡酒）
2002年	青島ビール スーパーサワー（RTD） カクテルパートナー（RTD） ハイリキ（RTD） 旬果搾り（RTD）	（キリン樽生方式一番搾り） まろやか酵母 キリン毬花一番搾り 極生（発泡酒） 淡麗グリーンラベル（発泡酒） キリンアラスカ〈生〉（発泡酒）
2003年	穣三昧 スパークス（発泡酒） 本生アクアブルー（発泡酒）	キリン毬花一番搾り まろやか酵母花薫り 淡麗アルファ（発泡酒） 生黒（発泡酒） ８月のキリン（発泡酒） キリンハニーブラウン（発泡酒）

サッポロ	サントリー
(ガルプ) 五穀まるごと生 〈芳醇生〉ブロイ（発泡酒） STAR BURY（発泡酒）	深煎り麦酒 贅沢熟成
2000年記念限定醸造〈生〉 五穀のめぐみ（発泡酒）	鍋の季節の生ビール ミレニアム生ビール 麦の香り（発泡酒） マグナムドライ（発泡酒）
グランドビア 世紀醸造〈生〉 冷製辛口〈生〉（発泡酒）	モルツスーパープレミアム2001 秋生（発泡酒） 冬道楽（発泡酒）
2001初詰〈生〉セブン（発泡酒） 北海道生搾り（発泡酒） 夏のキレ生　セブン（発泡酒） ひきたて焙煎〈生〉（発泡酒） 限定醸造・2001-2002乾杯生（発泡酒）	モルツスーパープレミアム 夏のイナズマ（発泡酒） 風呂上り〈生〉（発泡酒） 味わい秋生（発泡酒） ダイエット〈生〉（発泡酒）
ファインラガー（発泡酒） きりっと新辛口・生（発泡酒） 樽生仕立（発泡酒） 海と大地の澄んだ生（発泡酒） 本選り（発泡酒）	ビアヌーボー〈プレミアム〉2002 マグナムドライ爽快仕込（発泡酒） 炭濾過純生（発泡酒） スーパーMD（発泡酒） 味わい秋生2002（発泡酒） ファインブリュー（ノンアルコール）
冷醸（発泡酒）　　北海道限定 ヱビス〈黒〉 ピルスナープレミア 鮮烈発泡（発泡酒） 北海道生搾り Half&Half（発泡酒） のみごたえ（発泡酒） 北海道生搾り BEER（発泡酒）	琥珀のくつろぎ ザ・プレミアム・モルツ とれたて小麦の白ビール 茜色の芳醸 モルツ黒生 ビアヌーボー2003 ハーフ＆ハーフ

	アサヒ	キリン
2003年		モルトスカッシュ（ノンアルコール）
2004年	本生オフタイム（発泡酒） こだわりの極 プレミアム生ビール熟撰	ラテスタウト 豊潤 とれたてホップ一番搾り ホワイトエール やわらか（発泡酒） キリン小麦（発泡酒）
2005年	スーパーイースト刻刻の生ビール 酵母ナンバー 本生ゴールド（発泡酒） 麦香る時間（発泡酒） 新生3（新ジャンル） 新生（新ジャンル）	ゴールデンホップ キリンリフレッシング（発泡酒） キリンのどごし〈生〉（新ジャンル）
2006年	マイルドアロマ プライムタイム ぐびなま（新ジャンル） 極旨（発泡酒） 本生クリアブラック（発泡酒） 贅沢日和（発泡酒）	一番搾り無濾過〈生〉 復刻ラガー〈明治・大正〉 キリン円熟（発泡酒）
2007年	本生ドラフト（発泡酒） スタイルフリー（発泡酒） あじわい（新ジャンル）	キリン・ザ・ゴールド ニッポンプレミアム 一番搾りスタウト 一番搾りとれたてホップ無濾過〈生〉 円熟〈黒〉（発泡酒） 良質素材（新ジャンル） SparklingHop（新ジャンル）

サッポロ	サントリー
ドラフトワン（九州４県）（新ジャンル）	大海運 楽膳〈生〉（発泡酒） 美味楽膳（発泡酒） 春生（発泡酒） 夏生（発泡酒）
麦100%生搾り（発泡酒）	味わい秋味（発泡酒） 麦風〈BAKUFU〉（新ジャンル） スーパーブルー（新ジャンル）
スリムス（新ジャンル）関東甲信越	はなやか春生（発泡酒） 純生阿蘇（発泡酒） こんがり秋生（発泡酒） サマーショット（新ジャンル） キレ味［生］（新ジャンル） 麦の贅沢（新ジャンル）
畑が見えるビール 琥珀ヱビス（樽生） 雫（発泡酒）	さわやか春生（発泡酒） サマーシュート〈生〉（発泡酒） ジョッキ生（新ジャンル） ジョッキ〈黒〉（新ジャンル） 麦の香り（新ジャンル）
ヱビス〈ザ・ホップ〉（発泡酒） ヱビス〈ザ・ブラック〉（発泡酒） 凄味（発泡酒） 生搾りみがき麦（発泡酒） うまい生（新ジャンル） W-DRY（新ジャンル） ドラフトワン（新ジャンル） スパークリングアロマ（新ジャンル）	ザ・プレミアムモルツ〈黒〉 MD ゴールデンドライ（発泡酒） ジョッキ芳醇（新ジャンル） ジョッキ淡旨（新ジャンル） ジョッキ夏辛（新ジャンル） ジョッキ濃辛旨（新ジャンル） 金麦（新ジャンル）

	アサヒ	キリン
2008年	ジンジャードラフト（発泡酒） クリアアサヒ（新ジャンル）	ザ・プレミアム無濾過〈リッチテイスト〉 麒麟 ZERO（発泡酒） KIRIN Smooth（新ジャンル） ストロングセブン（新ジャンル）
2009年	ザ・マスター クールドラフト（発泡酒） オフ（新ジャンル） 麦搾り（新ジャンル）	淡麗 W（発泡酒） コクの時間（新ジャンル） ホップの真実（新ジャンル） キリンフリー（ノンアルコール）
2010年	ストロングオフ（新ジャンル） くつろぎ仕込（新ジャンル） ダブルゼロ（ノンアルコール）	キリン本格〈辛口麦〉（新ジャンル） 休む日の Alc.0.00%（ノンアルコール）
2011年	初号アサヒビール 一番麦（発泡酒） ブルーラベル（発泡酒） 冬の贈り物（発泡酒）	キリンアイスプラスビール 濃い味〈糖質 0〉（新ジャンル）
2012年	ドライブラック ザ・エクストラ レッドアイ（発泡酒） ダイレクトショット（新ジャンル） 秋宵（新ジャンル）	一番搾りフローズン〈生〉 一番搾りフローズン〈黒〉 GRAND KIRIN（一部先行発売） 麦のごちそう（新ジャンル）
2013年	パナシェ（発泡酒） クリアアサヒプライムリッチ（新ジャンル） ふんわり（新ジャンル）	グランドキリン グランドキリン ジ・アロマ 濃い味〈DELUXE〉（新ジャンル） 澄みきり（新ジャンル）
2014年	ドライプレミアム（一般発売） スーパーゼロ（発泡酒）	グランドキリン ビタースウィート

サッポロ	サントリー
ビアファイン ザ・ゴールデンピルスナー （クラシック富良野 VINTAGE） ビバライフ（発泡酒） 麦とホップ（新ジャンル）	ゼロナマ（発泡酒）
冷製 SAPPORO（新ジャンル） オフの時間（新ジャンル）	ザ・ストレート（新ジャンル） 豊か〈生〉（新ジャンル） 琥珀の贅沢（新ジャンル） ジョッキナマ 8 クリアストロング（新ジャンル）
金のオフ（新ジャンル） プレミアムアルコールフリー（ノンアルコール）	絹の贅沢（新ジャンル） レッドロマンス（新ジャンル）
麦とホップ〈黒〉（新ジャンル） 北海道 PREMIUM（新ジャンル） プレミアムアルコールフリーブラック（ノンアルコール）	金麦・糖質70%off（新ジャンル） STONES BAR〈ローリング・ホップ〉（新ジャンル）
ヱビスプレミアムブラック 静岡麦酒〈樽生〉 香り華やぐヱビス（新ジャンル） 麦とホップ〈赤〉（新ジャンル） 極 ZERO（新ジャンルのち発泡酒へ）	ザ・プレミアム・モルツ〈コクのブレンド〉 ゴールドクラス グランドライ（新ジャンル）
麦とホップ The Gold(新ジャンル) ホワイトベルク（新ジャンル）	和膳 金のビール

	アサヒ	キリン
2014年	アクアゼロ（新ジャンル） 深煎りの秋（新ジャンル）	グランドキリン　ブラウニー グランドキリン　マイルドリッチ 淡麗プラチナダブル（発泡酒） フレビアレモン＆ホップ（発泡酒） のどごし〈生〉ICE（新ジャンル） 冬のどごし〈華やぐコク〉（新ジャンル）
2015年	（スーパードライ　エクストラシャープ） （スーパードライ　ドライプレミアム　煎りたてコクのプレミアム） （スーパードライ　ドライプレミアム　贅沢香り仕込み） （クラフトマンシップ　ドライセゾン） （ザ・ロイヤルラベル） （クラフトマンシップ　ドライメルツェン） （スーパードライ　ドライプレミアム　初仕込みプレミアム） （ザ・クラフトマンシップ　クリスマスビア　メリーゴールド） （ザ・クラフトマンシップ　クリスマスビア　イヴ・アンバー） （スーパードライ　ドライプレミアム　香りの琥珀）	一番搾り“地元うまれシリーズ” 晴れやかなビール のどごしオールライト（新ジャンル） パーフェクトフリー（ノンアルコール） （グランドキリン　ギャラクシーホップ） （グランドキリン　十六夜の月） （グランドキリン　梟の森） （のどごし〈青空小麦〉）（新ジャンル）

サッポロ	サントリー
	おいしいZERO（発泡酒） 金麦クリアラベル（新ジャンル）
欧州四大セレクション グリーンアロマ（新ジャンル） －0℃（新ジャンル） SAPPORO+（ノンアルコール）	ザ・モルツ ザ・プレミアム・モルツ〈香るプレミアム〉 （ザ・プレミアム・モルツ〈〈秋〉香るエール〉） （ザ・プレミアム・モルツ “初摘みホップ”ヌーヴォー） （ザ・プレミアム・モルツ〈芳醇エール〉） （ザ・プレミアム・モルツ〈香るプレミアム〉“初摘みホップ”ヌーヴォー） ザ・プレミアム・モルツ〈マスターズドリーム〉 ラドラー（発泡酒） 冬の薫り（新ジャンル） オールフリー〈コラーゲン〉（ノンアルコール）

	アサヒ	キリン
2015年	スタイルフリー［プリン体ゼロ］（発泡酒） クリアアサヒ　糖質0（新ジャンル） （クリアアサヒ　クリスタルクリア）（新ジャンル） （クリアアサヒ　秋の琥珀）（新ジャンル） （スマートオフ）（発泡酒） （クリアアサヒ　初摘みの香り）（新ジャンル） （カシスビアカクテル）（発泡酒） ドライゼロフリー（ノンアルコール）	
2016年	ザ・ドリーム （スーパードライ　エクストラハード） （ヴィクトリーロード）（発泡酒） （スタイルフリー　フルーツビアカクテル　キウイ）（発泡酒） （スタイルフリー　フルーツビアカクテル　ベリーミックス）（発泡酒） スタイルフリー　パーフェクト（発泡酒） （クリアアサヒ　桜の宴）（新ジャンル） （クリアアサヒ　クリスタルクリア）（新ジャンル）	グランドキリン　ディップホップヴァイツェンボック （グランドキリン　夜間飛行） （グランドキリン　うららかをる） （一番搾り　小麦のうまみ） （晴のどごし） （47都道府県の一番搾り） （グランドキリン　雨のち太陽のセゾンビール） （のどごしサマースペシャル）（新ジャンル）

サッポロ	サントリー
ヱビスマイスター 麦とホップ Platinum Clear（新ジャンル）	ザ・プレミアム・モルツ〈香るエール〉 （ザ・プレミアム・モルツ〈サマースペシャル〉2016） （ザ・プレミアム・モルツ〈芳醇ブレンド〉） オールフリー〈ライムショット〉（ノンアルコール）

	アサヒ	キリン
2016年	（ゴールドラッシュ）（新ジャンル） （クリアアサヒ　関西仕立て）（新ジャンル） （クリアアサヒ　吟醸）（新ジャンル） （クリアアサヒ　初摘みの贅沢）（新ジャンル） （クリアアサヒ　九州うまか仕込）（新ジャンル）	
2017年	（スーパードライみがき麦芽仕込み） （スーパードライ　エクストラハード） （スーパードライ　瞬冷辛口） （クリアアサヒ　夏の涼味）（新ジャンル） （クリアアサヒ　秋の膳（新ジャンル） （クリアアサヒ　とれたての贅沢）（新ジャンル） クリアアサヒ贅沢ゼロ（新ジャンル） （クリアアサヒ春の宴）（新ジャンル） （クリアアサヒ吟醸）（新ジャンル） （クリアアサヒ　ブラック）（新ジャンル）	グランドキリン　WHITE ALE ブルックリンラガー （一番搾り　若葉香るホップ） 一番搾り〈黒生〉 グランドキリン　JPL（ジャパン・ペールラガー） グランドキリン　IPL（インディア・ペールラガー） （グランドキリン　ひこうき雲と私） （グランドキリン　梅雨のエキゾチック） （一番搾り　夏冴えるホップ） （今日はうちごはん） （淡麗グリーンラベル　風そよぐレモンピール）（発泡酒） （のどごし〈春の喝采〉）（新ジャンル） のどごしZERO（新ジャンル） のどごし　スペシャルタイム（新ジャンル）

サッポロ	サントリー
クラシック　できたて出荷 (ビアサプライズ　至福のコク) ヱビス華みやび (新潟限定ビイル風味爽快ニシテ) (静岡麦酒) (富良野の薫り　ゆるやかエール) クラシック　春の薫り (クラシック　夏の爽快) (ヱビス＃127) (NEXT STYLE)(発泡酒) ルビーベルク(発泡酒)	TOKYO CRAFT ペールエール TOKYO　CRAFT〈セゾン〉 TOKYO　CRAFT〈I.P.A.〉 TOKYO　CRAFT〈ヴァイツェン〉 (ブリュワーズ・バー〈琥珀色のラガー〉) (クラフトマンズ　ビア　千都の夢ゴールデンエール) (ザ・プレミアム・モルツ〈香る〉エール豊醸) (ザ・モルツ　サマードラフト) (ザ・モルツ　ウインタードラフト) (ブリュワーズ・バー〈絹のような小麦のラガー〉) 金麦〈琥珀(こはく)のくつろぎ〉(新ジャンル) 京の贅沢(新ジャンル) 京の贅沢　冬の氷点貯蔵(新ジャンル) 頂(新ジャンル)

	アサヒ	キリン
2017年		(のどごし華泡)(新ジャンル) キリン 零ICHI(ノンアルコール)
2018年	グランマイルド (アサヒ生ビール) (アサヒ ザ・ダブル) (TOKYO 隅田川ブルーイングペールエール) (スーパードライ　澄みわたる辛口) スタイルフリー〈生〉(発泡酒) (クリアクラフト)(発泡酒) (アサヒ　匠仕込)(新ジャンル) (クリアアサヒ　プライムリッチー華やかリッチー)(新ジャンル) (クリアアサヒ　クリアセブン)(新ジャンル) (クリアアサヒ　秋の宴)(新ジャンル) (クリアアサヒ　東北の恵み)(新ジャンル) (クリアアサヒ　和撰吟醸)(新ジャンル) (クリアアサヒ　瀬戸内だより)(新ジャンル) (クリアアサヒ　クリアレッド)(新ジャンル) (ドライゼロスパーク)(ノンアルコール)	一番搾り　匠の冴 (一番搾り　超芳醇) (グランドキリン　ひこうき雲と私レモン篇) (グランドキリン　雨のち太陽ベルジャンの白) のどごし STRONG(新ジャンル) 本麒麟(新ジャンル)

サッポロ	サントリー
	オールフリー　香り華やぐホップ（ノンアルコール）
（月のキレイな夜に）（発泡酒） （黒ラベルエクストラブリュー） （サッポロラガービール〈缶〉） ヱビス　薫るルージュ 麦のくつろぎ（ノンアルコール）	（ザ・モルツ　麦香る3.5%） （ザ・プレミアム・モルツ～マスターズドリーム〈山崎原酒樽熟成〉2018） （ザ・プレミアム・モルツ　ディープアロマ） ザ・プレミアム・モルツ　秋〈香る〉エール 海の向こうのビアレシピ〈芳醇カシスのまろやかビール〉 海の向こうのビアレシピ〈オレンジピールのさわやかビール〉 （海の向こうのビアレシピ〈柑橘の香りの爽やかビール〉） TOKYO　CRAFT〈ベルジャンホワイトスタイル〉 TOKYO　CRAFT〈バーレイワイン〉 （贅沢LAGER琥珀のキレ） 京の秋　贅沢づくり（新ジャンル） 冬道楽（新ジャンル） （金麦〈濃いめのひととき〉）（新ジャンル） 頂〈極上ZERO〉（新ジャンル） （冬道楽）（新ジャンル） （オールフリー　オールタイム）（ノンアルコール）

	アサヒ	キリン
2019年	アサヒ　スーパードライ　ザ・クール （アサヒ　富士山） （アサヒ　紅） （アサヒ　スーパードライ　ロイヤルリミテッド） （ゴールドラベル） （ザ・ダブル　ファインブレンド） アサヒ　極上〈キレ味〉（新ジャンル） （クリアアサヒ　夏日和）（新ジャンル） （クリアアサヒ　北海道の恵み）（新ジャンル） （クラフトスタイルIPAタイプ）（新ジャンル） （クラフトスタイル　アンバーラガー）（新ジャンル） ドライゼロ　スパーク（ノンアルコール）	（ブルックリン　ソラチエース） （グランドキリン　セッションIPA） （キリン　ザ・ホップ香りの余韻） （一番搾り　清澄み） （ブルックリン　サマーエール） カラダFREE（ノンアルコール）
2020年	（アサヒ　ザ・ゴールド） アサヒ　ザ・リッチ（新ジャンル） （クリアアサヒ　冬の旨口）（新ジャンル）	一番搾り　糖質ゼロ （キリンのどごし〈超爽快〉）（新ジャンル） グリーンズフリー（ノンアルコール）

サッポロ	サントリー
（クラシック　春の薫り） （復刻特製ヱビス） （サッポロ銀座ライオン　ライオンエール） Innovative Brewer SORACHI1984 Innovative Brewer BEERCELLO （ビアサプライズ　至福の香り） （サッポロ生ビール黒ラベル　エクストラブリュー） （富良野の薫り～ゆるやかエール～） 麦とホップ本熟（新ジャンル） （麦とホップ爽の香）（新ジャンル） （麦とホップ夏づくり）（新ジャンル） （北海道オフのごちそう）（新ジャンル） 麦とホップ〈赤〉（新ジャンル） MEGA LAGER（新ジャンル）	ザ・プレミアム・モルツ　初仕込 ザ・プレミアム・モルツ〈香る〉エール　初仕込 （サントリー　アイス・ドラフト〈生〉） （ザ・モルツ　ホップパラダイス） （パッと華やぐ香りがクセになる〈生〉ビール） （TOKYO CRAFT〈ケルシュスタイル〉） マグナムドライ〈本辛口〉（新ジャンル） 金麦〈ゴールドラガー〉（新ジャンル） （金麦〈香りの余韻〉）（新ジャンル） （冬期限定新ジャンル「冬の交響曲（シンフォニー）」）（新ジャンル） からだを想うオールフリー（ノンアルコール）
ビアサプライズ　至福の余韻 （サクラビール2020） （ビアサプライズ　至福の苦み） （麦とホップ東北の香り）（新ジャンル）	TOKYO　CRAFT〈ゴールデンエール〉 TOKYO　CRAFT〈I.P.A.　ウインターエディション〉 （ザ・プレミアム・モルツ　マスターズドリーム〈山崎原酒樽熟成〉2020） ザ・プレミアム・モルツ　ダイヤモンドの恵み ザ・プレミアム・モルツ〈プラチナ〉

	アサヒ	キリン
2020年		
2021年	花鳥風月 (スーパードライ　生ジョッキ缶) (クリアアサヒ　冬みやび) (新ジャンル)	SPRING VALLEY 豊潤〈496〉
2022年	(ホワイトビール) (ヨルビール)	SPRING VALLEY シルクエール〈白〉

サッポロ	サントリー
	ザ・プレミアム・モルツ　初摘みホップ ザ・プレミアム・モルツ〈香る〉エール　初摘みホップ サントリーブルー（新ジャンル） 金麦〈香り爽やか〉（新ジャンル） 金麦〈琥珀の秋〉（新ジャンル） 金麦〈深煎りのコク〉（新ジャンル）
（ヱビスプレミアムホワイト） （HOPPIN' GARAGE NIGHT RALLY）（発泡酒） （HOPPIN' GARAGE リスボンの坂道）（発泡酒）	ザ・プレミアム・モルツ　ダイヤモンド麦芽〈初仕込〉 ザ・プレミアム・モルツ〈香る〉エール　ダイヤモンド麦芽〈初仕込〉 パーフェクトサントリービール 東京クラフト〈スパイシーエール〉 東京クラフト〈香ばしI.P.A.〉 東京クラフト〈フルーティーエール〉 （ザ・プレミアム・モルツ　マスターズドリーム〈山崎原酒樽熟成〉2021） ザ・プレミアム・モルツ〈香る〉エール　秋の芳醇 ザ・プレミアム・モルツ〈香る〉エール　サファイアホップの恵み ザ・プレミアム・モルツ　ダイヤモンドホップの恵み 金麦〈ザ・ラガー〉（新ジャンル）
（サッポロ　ビール園サマーピルス）	ザ・プレミアム・モルツ　マスターズドリーム〈無濾過〉

	アサヒ	キリン
2022年	(YURU YURU ALE) (クリアアサヒ　冬日和)(新ジャンル)	(本麒麟　香りの舞)(新ジャンル)
2023年	(ザ・ビアリスト)	(SPRIN VALLEY サマークラフトエール〈香〉)

サッポロ	サントリー
(ビアサプライズ至福のキレ) (セブンプレミアム上富良野大角さんのホップ畑から) (黒ラベル　エクストラドラフト) (ヱビス　プレミアムメルツェン) (ヱビス　ホップテロワール) (SORACHI1984DOUBLE) (ビアサプライズ至福のコク) (HOPPIN' GARAGE トンガってる？)(発泡酒) (HOPPIN' GARAGE クリチーとルービー)(発泡酒) (HOPPIN' GARAGE　Thanks＆Cheers!)(発泡酒) (麦とホップ　華やぎの香り)(新ジャンル)	ザ・プレミアム・モルツ〈グランアロマ〉 ザ・プレミアム・モルツ〈ホワイトエール〉 ザ・プレミアム・モルツ〈アンバーエール〉 ビアボール 東京クラフト〈爽やかI.P.A.〉 (ワールドクラフト〈無濾過〉ホワイトビール) サントリークラフト　香る芳醇〈エールタイプ〉(新ジャンル) サントリークラフト　鮮烈ビター〈I.P.A. タイプ〉」(新ジャンル)
(NIPPON HOP 始まりのホップ信州早生) (サクラビール) (ヱビス　ニューオリジン) (ヱビス　サマーエール) (NIPPON HOP 偶然のホップ　ゴールデンスター) (ファイブスター) (HOPPIN' GARAGE 大人のチョコミント)(発泡酒) (HOPPIN' GARAGE 蟻鱒鳶ール)(発泡酒) (HOPPIN' GARAGE ホッピンフレンズ　コピーライター　石井つよシセット)(発泡酒)	サントリー生ビール ザ・プレミアム・モルツ　〈ジャパニーズエール〉香るエール ザ・プレミアム・モルツ　〈ジャパニーズエール〉ホワイトエール ザ・プレミアム・モルツ　〈ジャパニーズエール〉シーサイドエール (ザ・プレミアム・モルツ　マスターズドリーム〈白州原酒樽熟成〉2023)

参考文献

アサヒビール社史資料室編『Ａｓａｈｉ１００』アサヒビール株式会社、一九九〇年
アサヒビール株式会社１２０年史編纂委員会編『アサヒビールの１２０年――その感動を、わかちあう。』アサヒビール株式会社、二〇一〇年
泉秀一『世襲と経営――サントリー・佐治信忠の信念』文藝春秋、二〇二二年
猪口修道『アンラーニング革命――キリンビールの明日を読む』ダイヤモンド社、一九九二年
開高健・山口瞳『やってみなはれ　みとくんなはれ』新潮文庫、二〇〇三年
キリンビール編『キリンビールの歴史（新戦後編）』キリンビール、一九九九年
キリンビール広報部編『ＫＩＲＩＮ ＦＡＣＴＢＯＯＫ２００２』キリンビール、二〇〇二年
小玉武『『洋酒天国』とその時代』筑摩書房、二〇〇七年
サントリー編『日々に新たに――サントリー百年史』サントリー株式会社、一九九九年
杉森久英『美酒一代――鳥井信治郎伝』新潮文庫、二〇一四年
鈴木成宗『発酵野郎！――世界一のビールを野生酵母でつくる』新潮社、二〇一九年
永井隆『ビール15年戦争――すべてはドライから始まった』日経ビジネス人文庫、二〇〇二年
永井隆『ビール最終戦争』日経ビジネス人文庫、二〇〇六年
永井隆『サントリー対キリン』日経ビジネス人文庫、二〇一七年
永井隆『アサヒビール30年目の逆襲』日本経済新聞出版社、二〇一七年
永井隆『究極にうまいクラフトビールをつくる――キリンビール「異端児」たちの挑戦』新潮社、二〇一六年

永井隆『キリンを作った男――マーケティングの天才・前田仁の生涯』プレジデント社、二〇二二年
中谷和夫『とりあえずビール　やっぱりビール！』日文新書、二〇〇三年
端田晶『ぷはっとうまい――日本のビール面白ヒストリー』小学館、二〇〇三年
端田晶『ビールの世界史こぼれ話』ジョルダンブックス、二〇一四年
端田晶『ビール今昔そもそも論』ジョルダンブックス、二〇一三年
端田晶『負けず――小説・東洋のビール王』幻冬舎、二〇一八年
廣澤昌『新しきこと面白きこと――サントリー・佐治敬三伝』文藝春秋、二〇二〇年
松尾秀助『琥珀色の夢を見る――竹鶴政孝とニッカウヰスキー物語』ＰＨＰエディターズグループ、二〇〇六年
〇四年
渡淳二編著、サッポロビール価値創造フロンティア研究所編『カラー版ビールの科学――麦とホップが生み出すおいしさの秘密』講談社ブルーバックス、二〇一八年
松沢幸一「歴史と先人」『文藝春秋』（二〇一一年一一月特別号）
アサヒグループホールディングス、キリンホールディングス、サッポロホールディングス、サントリーホールディングスのニュースリリース

ちくま新書

1737

日本《にっぽん》のビールは世界一《せかいいち》うまい！

——酒場《さかば》で語《かた》れる麦酒《ビール》の話《はなし》

二〇二三年七月一〇日　第一刷発行

著者　永井隆（ながい・たかし）

発行者　喜入冬子

発行所　株式会社　筑摩書房

東京都台東区蔵前二-五-三　郵便番号一一一-八七五五

電話番号〇三-五六八七-二六〇一（代表）

装幀者　間村俊一

印刷・製本　三松堂印刷　株式会社

ISBN978-4-480-07562-8 C0277